凝煉知識品味閱讀

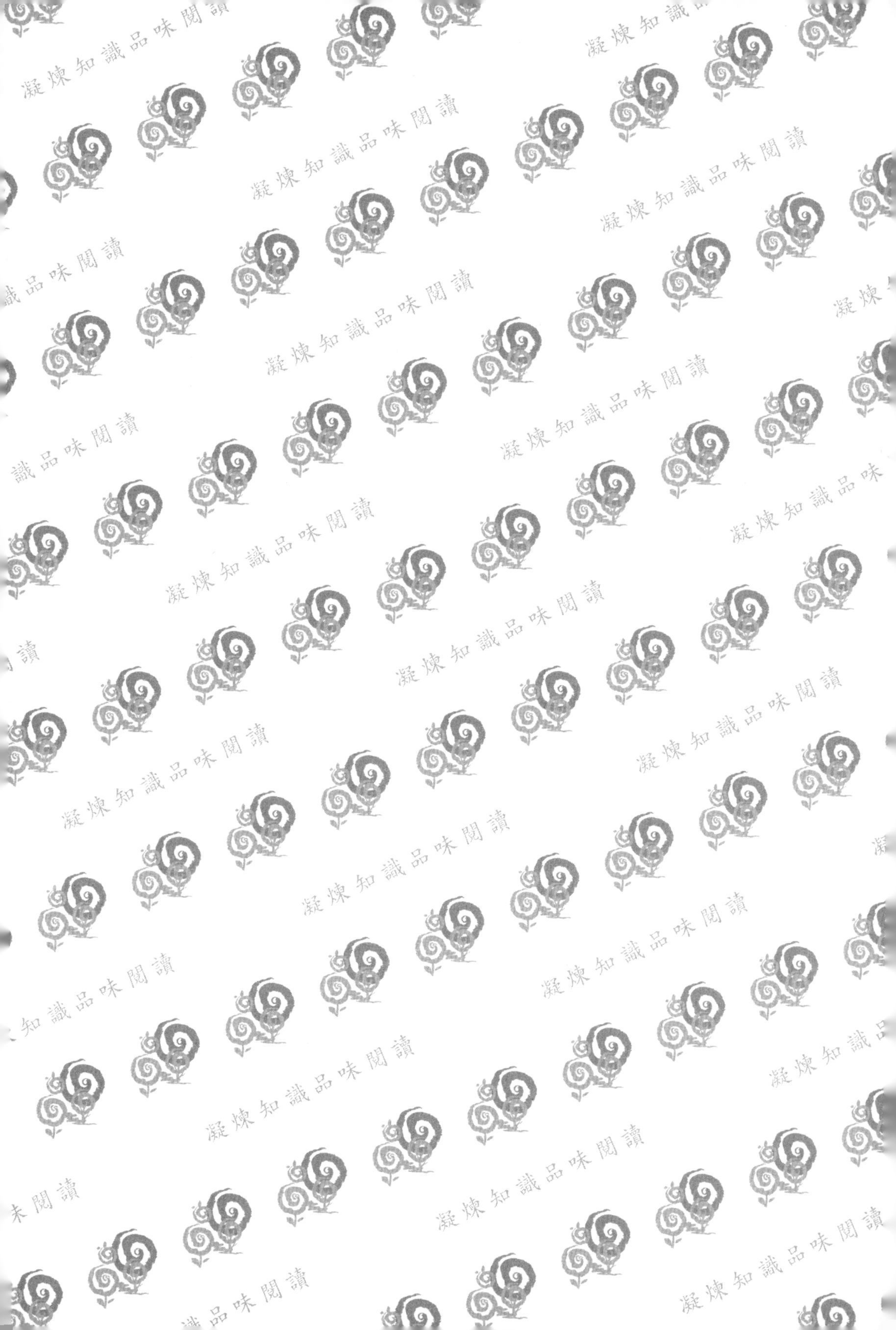

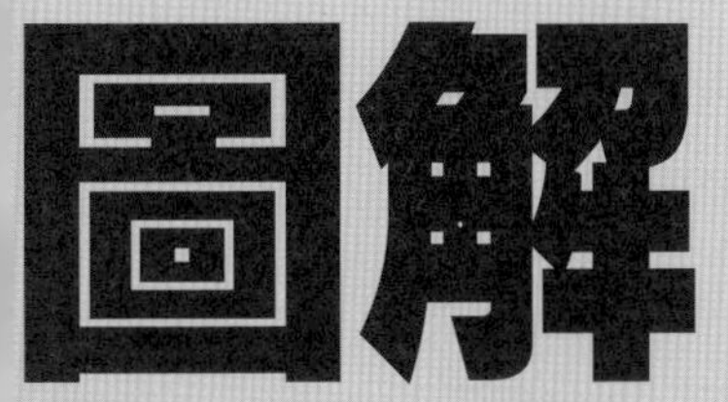

創業管理

第二版

朱延智 博士 著

五南圖書出版公司 印行

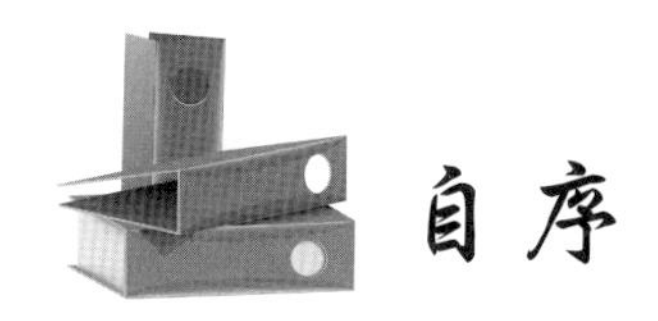

自序

一般市面之「創業」相關書籍，很少談到創業具有重大風險，甚至危機的存在。因此只鼓勵人勇敢去創業，勇敢去追「夢」，卻不告訴他們「追夢」過程中的陷阱與可能遭遇的危機，這似乎並不妥當！相對的，本書將「創業風險」專列一章，來幫助在學的學子及正在創業過程中的朋友，使你們在學習「創業管理」時，能完整學習，且能避開途中的危機風暴。

儘管「創業」已成為時代的風潮，同時也是這一個時代的顯學。但目前內有政策不明確，不透明，缺乏一貫性、反覆搖擺，行政及「立法」的效率低，產業競爭力低；外有全球經濟不景氣、中共的圍堵、封鎖等不利因素，導致創業不確定性越來越高。因此也導致這些年中，保齡球館、釣蝦場、漫畫屋、泡沫紅茶、蛋塔店、網咖……等創業風潮的店鋪，在前仆後繼的創業過程中，結果大都敗下陣來，甚至一蹶不起！這就有點類似「盲人騎瞎馬、夜半臨深淵」的恐怖窘境。

此外，我覺得有一個案例，可以讓創業者，學習如何管理緊張的創業壓力！這個案例就是舉世聞名的聾盲偉人海倫凱勒女士。她雖然沒有遭逢創業壓力，但您想一想她既盲又啞的痛苦，她每日所面對的壓力是何等的大！她不僅成功克服每日生活的壓力，而且大學畢業，並名列世界偉人之列。她究竟有什麼祕訣，可以把「吃苦當作吃補（台語）」，成功化解她每日的生活壓力？這可以從她的信件中得到答案，當聖經公會送給她多達二十冊的盲人聖經時，她回信說，『我坐在聖經旁邊，用手尊敬的撫摸祂們。四十年來，我愛神的話。我以特別感恩的心情，摸著這寶貴的書頁，好像祂們就是我手中的杖，在淒涼、沮喪，與災禍的幽谷中，支持著我，使我不至傾倒。是的，聖經——救主的教訓——是領人生出黑暗的唯一道路。』

此際，新冠肺炎重創全球，經濟與社會結構，正面臨急遽的改變，全球高科技市場衰退，而重創外銷商品，並使傳統產業失去成本、競爭力，紛紛外移，一時之間失業人口激增、消費力大幅縮水，許多企業界的朋友都眉頭深鎖，有時不禁要問，臺灣還有未來嗎？值此關鍵時刻，海倫凱勒的案例，是不是可以提供新的思考方向。一個看不見物質道路的「盲眼人」，以聖經為人生旅程中，保護的杖，也作為引導與扶持的杆，結果竟能走出死蔭幽暗，行在滿了平安福樂的路上。

事實上，創業失敗的原因很多，譬如產品缺乏市場需求、產品缺乏競爭力、資金不足、現金流管理出問題、合夥拆夥、錯誤的創業團隊、定價策略錯誤、供應鏈管理出問題、人員掌控不好、……。在創業的過程中，無論是資金的籌措，或研發投資的項目，常有諸多的選擇，那一條才是活路、正路呢？該怎麼選擇呢？本書希望能提供獨到的觀點，譬如先從如何評估自己，是否具備創業的特質與能力，進而提升創業成功的機會為始點，對於如何研發創新、如何預防危機、如何進行危機管理，以及應遵循的相關法律及創業倫理，以提供創業者及學習要創業的學子，永續生存的創業觀。這是現今全球創業型經濟體系，最重要的知識基礎，更是創業者實際可靠的依據。希望本書可以成為你，創業前程中的指路燈，引路光，對你的人生與創業有所助益！

朱延智 敬上

本書目錄

本書目錄

本書目錄

第 10 章 新創事業資金

第1章

創業管理概論——您適合創業嗎？

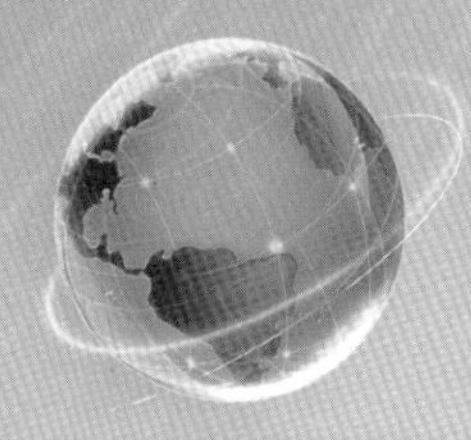

章節體系架構 

Unit 1-1 創業動機

創業 (Entrepreneurship) 即創造一個新事業 (Low & MacMillan, 1988) 或創新事業 (Amit & Zott, 2001)。創業動機 (motivation) 是因某種內在狀態，促使個體產生某種外顯行為活動，並維持已產生之活動朝向某一目標進行的內在歷程。創業動機是創業的起點，動機分為生理性動機 (physiological motives) 與心理性動機 (psychological motives)。根據學者的研究，主要動機有：1. 發現市場新機會。2. 相信自己的經營模式比前人更有效率。3. 希望將自己的專長，發展成為一個新事業。4. 已完成新產品的開發，並相信這新產品能在市場上找到利基。5. 想要實現個人的創業夢想。6. 相信創業是致富的唯一路徑。現在失業問題已經成為當前重要的社會問題，創業為驅動經濟發展的重要活動，尤其近年來因為金融風暴所引爆國內的失業潮，也激起了社會大眾的創業意願。因此時代的大環境，成為創業背後的動機。這個時代大環境的特質，如下所列。

一、工作難找：近幾年來，受到世界經濟不景氣的影響，國內景氣也空前的低迷。廠商外移、第三世界國家興起、美國消費市場停滯等等因素，皆使得國內的產業，面臨前所未有的衝擊，也連帶使得各產業人事緊縮，甚至裁員盛行，因此造成就業不易、難以找到適當工作。在不得已的情況下，進行創業，同時也趁著年輕，開創創業夢想。

二、低薪：產業不斷外移，薪水越來越低，房價越來越高，謀職就業，幾乎很難脫貧致富。根據我國勞動部委託學者研究「低薪資對我國勞動市場的影響與政府因應策略」研究報告，內容顯示，讓臺灣陷入低薪困境的主要原因包括：產業結構改變—過度資本化、臨時或派遣人力取代非核心員工、低附加價值的服務業興起、大學教育普及、外籍勞工的僱用、全球化造成產業外移擴大，因而研發與教育訓練投入，事實上對低階勞工無明顯的助益。勞資關係弱化，工會效能不彰。

三、成功創業者的激勵：不少媒體一直在報導，高成就企業與經營者因成功創業而致富的訊息，像女工變成總裁、工讀生變成身價上億總裁，因而創業在臺灣其實不是新鮮事。無論是早餐連鎖店或者是珍珠奶茶茶飲攤，還有一些科技大老白手起家的故事，激勵並觸動民眾創業，使得臺灣社會嚮往著自己當家、當老闆。

四、中年失業：工作不容易找，也不容易保，但為了養家活口，儘管中年失業，仍要撐起一家生計的壓力下，破釜沉舟的進行創業，所以成功有時是被逼出來的。

五、政府政策鼓勵：政府漸感創新、創業的重要性，因此，近年來大力推倡「創意、創新、創業」三創產業政策，希望能夠提升臺灣總體競爭力。目前為了推廣創業教育，因此在學校開設相關課程，並配合政府機構，輔導年輕人創業。

創業動機

創業動機

生理性動機

心理性動機

創業

創業主動機

創業主動機

① 發現市場新機會

② 相信自己經營比別人更有效率

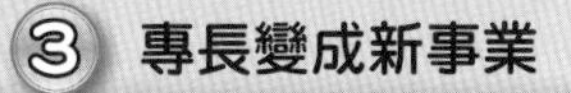

③ 專長變成新事業

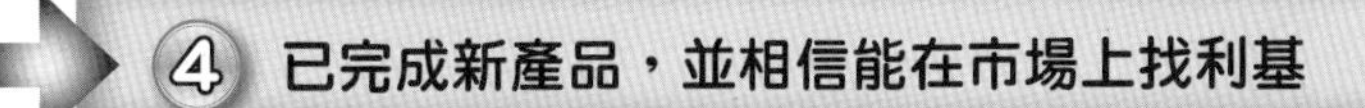

④ 已完成新產品，並相信能在市場上找利基

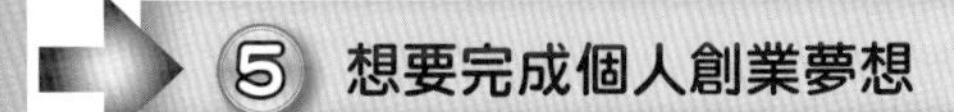

⑤ 想要完成個人創業夢想

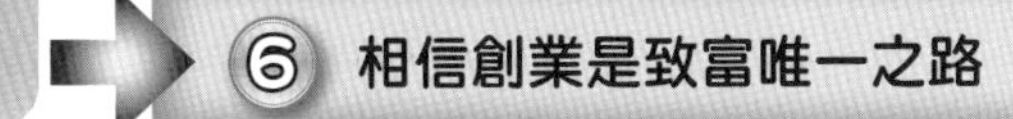

⑥ 相信創業是致富唯一之路

創業的時代動機

工作難找

低薪

成功創業者的激勵

中年失業

政府政策鼓勵

Unit 1-2 創業家精神

新創事業可將豐沛的民間儲蓄動員起來，轉化為國內投資，進而使生產資源重新配置，創造新的就業機會，達到產業結構的升級與調整。目前正逢兩岸關係陷入低潮，陸客觀光人數大量的減少，已影響到觀光產業。觀光產業是服務業的火車頭產業，影響所及甚大！此時此刻，再談創業家精神，更具有時代意義。

熊彼得 (Schumpeter, 1883-1950) 指出創業家的特質，是透過生產要素的重新組合，打破供需均衡的經濟系統。由此可知創業家精神，是一種善於發現、創新和整合的內在稟賦，再加上不怕苦、不怕難的冒險奮戰精神，勇敢的將理想（或夢想）付諸實踐。如果沒有冒險犯難的拼勁與幹勁，儘管有再多的知識與能力，也不敢放手一搏的。若沒有放手一搏的勇氣，又怎會有後來的輝煌與成功呢？

創業家精神是將創新想法，具體的落實完成。這包括：

1. 洞見機會；
2. 勾勒願景；
3. 吸納資源；
4. 組織團隊與落實執行。

法國經濟學家賽伊 (J. B. Say) 在 1800 年左右，對「創業家」的定義是：「將資源從生產力較低的地方，轉移到生產力較高，及產出較多的地方。」

Low & MacMillan 強調創業 (Entrepreneurship)，即是創造一個新事業，或創新事業。所以「創業家精神」也可說是「創業家能力」，具體可將這種能力分為：

1. 商業敏感度；
2. 工作執行力；
3. 個性樂觀度；
4. 問題解決力。

此四部分說明。

創業精神包含創新性、承擔風險和主動積極性三個構面，其有助於企業發展新產品和尋找新市場，並可提高企業的競爭優勢，創造優異的經營績效。彼得．杜拉克強調，沒有創新與創業精神，便不叫創業。所謂創新，包含新產品、新服務、新製程、新技術、新原料，及新的經營模式等，各種新穎、有用、能提高生活品質的作品或服務。

創業成功的例子，會催促我們創業的腳步，但創業是屬於一生中，重大的決定。因此，是否有創業精神，是創業前的評估不可少的。從理論觀點，企業創業精神應該受到內部組織結構的影響；而創業精神與經營績效關係，會受到外部因素之干擾。此假設經實證分析 201 家臺灣廠商，得到證實。研究結果顯示，組織結構對於企業創業精神，有顯著的影響，即正式化及專業化，有助於提高企業的創業精神，而集權化則會阻礙企業的創業精神。研究結果亦顯示企業創業精神與經營績效有顯著的正向關係，而此關係會受到市場環境的干擾。

創業家精神

洞見機會

勾勒願景

吸納資源

組織團隊
落實、執行

Low & MacMillan 創業家精神

創業家能力

- 商業敏感度
- 工作執行力
- 個性樂觀度
- 問題解決力

創業精神構面

Unit 1-3 自我檢測是否適合創業？

由於創業要面對各種不確定因素，與創業失敗的壓力，所以創業是件高風險的事，因此在創業之前，必須完成自我檢測，以了解自己是否真的適合創業。

一、不安的承受力：創業很多時候是摸石頭過河，不知道明天在哪裡、不知道會遭遇什麼困境、不知道選擇的團隊成員是否最適合、不知道錢會從哪裡來……，那要怎麼走下去？創業之路，可能突發的狀況，多不勝數，不確定的狀態，讓人像懸在半空中一樣，想走上這條路的人，承受力不強是不行的。若你喜歡一切都在自己掌控中，難以忍受不安的狀態，是否要創業就得三思。

二、勇於承擔風險，並吃苦耐勞：經營環境不斷變化，負面且不能預期的因素層出不窮，所以創業者在創業之前，要先評估——自己是否具備承擔風險的能力。此外，創業之後隨公司發展，諸事繁忙，因此是否有吃苦耐勞的耐力，也是不能忽略的考量因素。

三、責任感：身為一個創業者，所有的責任，都落在你自己身上，不管發生什麼事都無法卸責。若出了什麼紕漏，客戶也沒興趣聽你解釋，就算錯不在你也一樣。因此，你若缺乏當責，或沒有把事情做好的自律，這條路對你來說，將更加險惡。

四、體能健康：自己當頭家，強健的體魄是不可或缺的。畢竟在創業的關鍵時期沒辦法請病假，否則一不小心就可能錯過大好商機，更別說之後好幾年，你都得持續地衝刺。因此，拚事業固然重要，但不能因此忽略了身體，反而更要從飲食與運動等方面維持自己的健康。若是原本狀況就欠佳的人，建議在創業之前先把身體養好。

五、熱愛所做的事嗎？你又是否擅長呢？創業艱辛，光是有金錢誘因不見得能讓你撐下來。因此，你是否對自己所做的事有熱情，是相當重要的。此外，你必須具備相關的技能。若你是外行人，先別一頭栽下去，而應該在創業前，先設法培養技能。

六、社交能力如何：創業不是一個人埋頭苦幹，就可以完成的事。你需要親友的精神支援，陪你度過驚濤駭浪，還需要別人的智慧與力量，給予你指引，更需要人脈，來協助取得資源，拓展市場。所以別以為自己悶著頭做事就行了，必須把握拓展人脈的機會。此外，要記得人際關係是有來有往的，對方有付出，你也要有所回饋，如此才會長久。

七、創業團隊智慧與工作能力：創業時期的人力編制，經常壓縮到非常精簡的地步。經常聽聞公司裡，行銷企劃要兼總務，幫忙跑腿、處理人力的編制，壓縮到非常精簡。會計可能得兼當老闆祕書，安排行程大小事；其他員工更被訓練成「多能工」，要會規劃也能執行，最好是「一個人可以當二、三個人用」。

八、是否有不服輸的精神？是否有堅持到底的精神？蘋果創辦人賈伯斯曾說，成功企業家和不成功企業家之間，差別有一半原因在於是否「堅持」。以戴勝益先生為例，他也曾歷經九次創業失敗，從失敗中學習，不服輸地一直挑戰下去，是戴勝益事業成功的關鍵因素之一。

檢測是否適合創業

檢驗創業配套

1. 父母及配偶支持與否？
2. 有承擔創業失敗的能力嗎？
3. 知道創業要準備的要務？

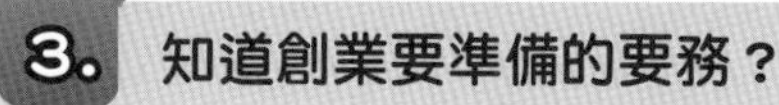

知識補充站

1922 年，本田宗一郎僅16歲，並出身日本靜岡縣的窮苦家庭，由於他對機械有著無比的熱愛，小學一畢業，就跑到一家汽車修理廠當學徒，而且一做就是六年。這位汽車廠的學徒，最後一手建立了日本最具原創性的汽機車品牌Honda，並且成為上一世紀日本企業界最有名的傳奇人物之一。

Unit 1-4 創業過程之階段與關鍵課題

創業的最直接定義，就是創造新事業。創業是指發現和捕捉市場機會，進而開發新產品、新服務，開拓新市場，將潛在價值轉化為現實價值的過程。創業應該包括：如何 (how)、誰 (who)，以及用什麼 (what) 產品或服務創業。一般而言，在創業的過程，包含六大重要階段：

一、機會分析

創業必須尋找利基，並透過各種市場分析的方法，以及創業者本身對於市場的敏感度追尋創業機會。所謂的市場機會評估，也可以提供許多有價值的資訊作為新產品開發規劃的參考，因此在經營決策上具相當的重要性。市場機會評估的內涵，包括：1. 新產品的潛在需求規模（市場潛力）。2. 這項需求規模，在不同的產品企劃與環境條件下實現的程度（市場滲透力）。一般進行市場機會評估，均需考慮時間軸的變化，同時這項機會評估，也要隨時間與技術創新速度變化而不斷的修正。

二、新概念形成

Schumpeter (1934) 強調創業是，驅動經濟發展的重要活動。企業家將生產要素或原料重新組合，達到創新的目的；並利用改變的功能，滿足市場需求，從而創造利潤。新概念的形成，可透過機會分析的結果、願景的鋪陳，以確認並概念化企業概念，並建構達成願景（如成立新公司、收購、加盟等）新策略。

三、新事業建立

創業是各種創新活動組合的實現，其活動包括了產品的創新、生產方式的創新、為原產品開拓新市場、取得新的資源供應來源，以及新的組織型態等五項。

四、新事業營運

1. 尋找及評估機會：運用環境分析、市場分析等方法發現市場機會、找尋好點子、市場研究、機會之評估。

2. 財務與控制：包含財務規劃與資金籌措等管理活動，包含財務的來源、財務的結構（各創業階段、各種財務來源之比例）考量。創業財務資金來源，可能包含向金融機構、租賃公司融資、向私人網絡、私人資本家、天使投資家籌資、向風險投資公司籌資、向企業投資人籌資、向政府單位（如中小企業處）等籌資。

3. 行銷與業務：再好的產品賣不出去，是沒有用的。所以新創事業者一定要運用行銷，與企業功能流程的管理，進行目標顧客定義、差異化、銷售團隊、定價、創造市場需求等活動。

五、維持成長

捉住企業成長過程中，可能的機會，包含市場、產品、或經營方式等，並繼續推動創業活動，刺激企業進一步成長。

六、回收

看準機會回收創業衍生價值。

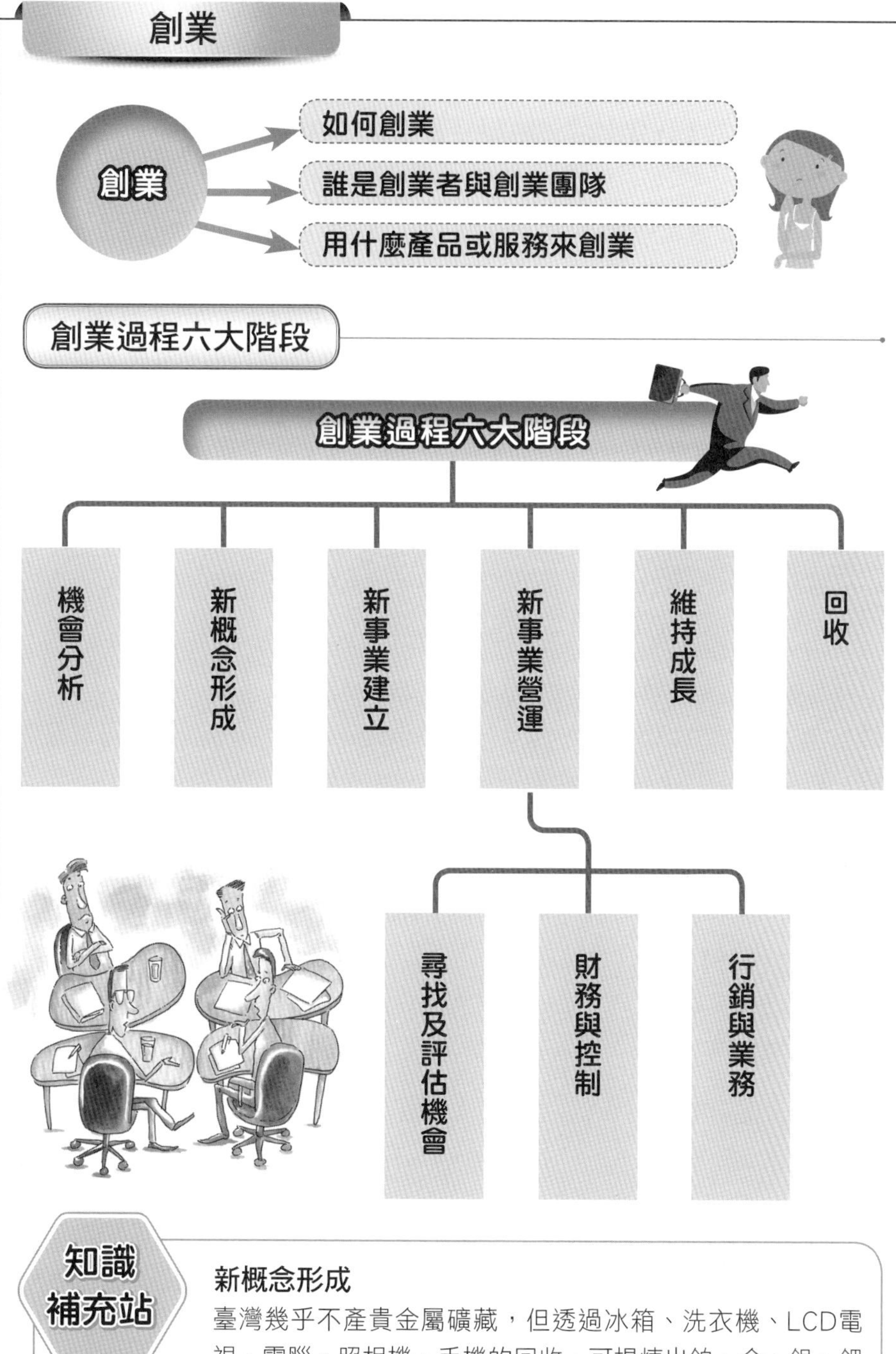

知識補充站

新概念形成

臺灣幾乎不產貴金屬礦藏，但透過冰箱、洗衣機、LCD電視、電腦、照相機、手機的回收，可提煉出鉑、金、銀、鈀等貴金屬。根據環保署資料顯示，臺灣一年回收180萬支手機，及142.5噸電腦主機板，從中就可提煉出價值3.01億元的稀有貴金屬。

Unit 1-5 成功創業者的人格特質

根據臺灣求職網站，最近調查上班族創業意願，73.5% 僅有夢想但無行動；計畫創業領域前五名是「咖啡、茶飲」(41.4%)、「其他餐飲」(39.4%)、「麵包、甜點」(26.1%)、「旅遊、住宿」(29.8%)、「服裝配件」(17.3%)。每個人都有潛在不同的職業性向與特質，但不是每個人都適合當老闆，不是每個人都具有成功創業者的人格特質。大部分人創業的目的，八成不脫「想作自己的老闆和主人」，事後卻往往證明自己當上老闆之後，卻變成客戶或公司的奴隸。如果這不符合創業者的人格特質，又何必強迫自己來創業？什麼是人格特質？簡單來說，就是使我們跟別人不同的個人屬性、特性、及特質的總和就是人格；特質則是一種持久性的反應傾向，是人格基本的結構單位。

一個人具備什麼樣的人格特質，才能成為一個成功的企業家呢？

一、Allport (1963)

在其著作《人格心理學》歸納了創業者創業之所以能成功的一些共同特質，其中含括了：1. 具遠見之開創性；2. 擅長於不可能處發現可能性；3. 不斷找尋新機會與挑戰；4. 充滿熱情與活力；5. 追求目標，並以高標準自詡；6. 新觀念之發想者，跳脫舊有之想法；7. 追求完美；8. 積極進取，未來導向；9. 聰明、能幹、果決；10. 做事積極、具使命感；11. 冒險犯難、充滿自信；12. 喜歡接受挑戰，解決問題；13. 期使事物能有所不同，並為自己與他人創造財富。

二、Park (1978)

指出創業家的特徵包括了：1. 積極進取；2. 待人和善；3.領導能力強；4. 負責任；5. 組織能力強；6. 勤勉努力；7. 決斷力強；8. 堅毅不撓；9. 體魄強健。

三、McClelland (1961)

該學者強調創業家具有：1. 高成就動機；2. 內控傾向；3. 高風險偏好；4. 高模糊容忍度等。

四、Sexton (1985)

不要在媒體上看到什麼新創公司獲得幾百萬美金的投資，就以為新創公司很容易可以有巨額獲利，幾位實際的創業者都分享真實情況是八成以上的新創公司，在第一年都沒有任何的獲利。因此成功創業者的人格特質，顯然與一般的工作者，有所差異。Sexton 學者認為重要的創業家特質，有以下七點：1. 能夠容忍容易引起爭議的情況；2. 喜歡擁有自主權；3. 堅持服從性；4. 在人與人之間較為冷漠、但有靈巧的社交手腕；5. 具有風險承擔性格；6. 對快速改變適應性高；7. 對於他人支持需求較低。

Allport (1963)

Allport (1963)

- 1. 具遠見開創性
- 2. 擅長於不可能處發現可能性
- 3. 不斷找尋新機會與挑戰
- 4. 充滿熱情與活力
- 5. 追求目標，並以高標準自詡
- 6. 新觀念之發想者，跳脫舊想法
- 7. 追求完美
- 8. 積極進取，未來導向
- 9. 聰明、能幹、果決
- 10. 做事積極、具使命感
- 11. 冒險犯難、充滿自信
- 12. 喜歡接受挑戰
- 13. 為自己與他人創造財富

Park (1978)

Park

- 1. 積極進取
- 2. 待人和善
- 3.領導能力強
- 4. 負責任
- 5. 組織能力強
- 6. 勤勉努力
- 7. 決斷力強
- 8. 堅毅不撓
- 9. 體魄強健

Unit 1-6 創業與環境關係

創業與環境脫離不了關係，如果環境條件對創業的支持，提供創業機會與創業的資源，那麼必然會直接影響創業的成功或失敗。創業要成功，靠的不只是點子與認真，環境的養分與協助也很重要。矽谷之所以成為全球創業重鎮，就是團隊、人才、資金、市場，以及法律、行銷等周邊服務，形成緊密的創業生態圈。根據研究，新創事業有助於國家整體發展，不僅可創造就業機會、引領產業升級，對安定社會亦有一定貢獻。因此，我國為激發創業精神，推出一系列創業政策，以提高國人對創業之認識，改善創業環境，期望打造臺灣成為亞太矽谷，並打造青年創業圓夢園地。創業與環境之關係，主要有三大派別：

一、組織生態學派 (Organizational ecology)

認為組織有「結構性的惰性」(structural inertia)，不易快速回應環境的變遷，因而主張環境是影響組織、族群存亡的主要因素。

二、資源依賴理論學派 (Resource dependence theory)

強調創業需要依賴大量的外部資源，並且強調組織與環境的相互關係，以及資源的來源管道，將會影響創業的行為與結果。

三、人口生態理論學派

擁有越多創業家與新創事業的社會，創業活動會較為旺盛。當商業環境越有利時，新創事業就越容易出現，當社會對於創新與創業行為越加支持，創業家就有越高的創業意願。

Kotler (1988) 將環境分為總體環境與個體環境兩類。總體環境包括人口、經濟、自然環境、科技、政治、文化與法令；個體環境包括企業主本身、供應商、顧客、競爭者、中介者以及社會大眾。

許世軍 (1986) 則分為基本環境與直接環境兩類。基本環境包括文化、政治、經濟；直接環境包括市場、科技、競爭者、分配、傳播、運銷以及各種社會壓力團體等組成。

學者 Duncan (1972) 依據組織的界線，劃為內部環境 (inner-environment) 與外部環境 (external-environment)。外部環境包括顧客、供應商、競爭者、社會、政治及科技等。外在環境是指組織以外的任何事務，這些事務會影響組織目標、結構與工作任務，即外在環境內含了所有直接或間接影響組織生存、成長以及成功的因子。

多數研究將組織歸納為「任務環境」(task environment) 與「一般環境」(general environment) 兩大類 (Tan & Litschert, 1994; Daft, 2003)。任務環境包含一些與組織有直接互動，對組織完成目標的能力有直接影響的部分。任務環境包含的部分有競爭者、供應商、顧客、法規團體、政府機構、工會或協會以及科學的參考團體。

創業與環境關係之三大派別

組織生態學派

資源依賴學派

人口生態理論學派

Kotler

Kotler

總體環境
- 人口
- 經濟
- 科技
- 政治
- 文化
- 法令

個體環境

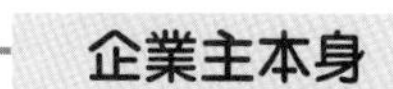

- 企業主本身
- 供應商
- 顧客
- 競爭者
- 社會大眾

許世軍

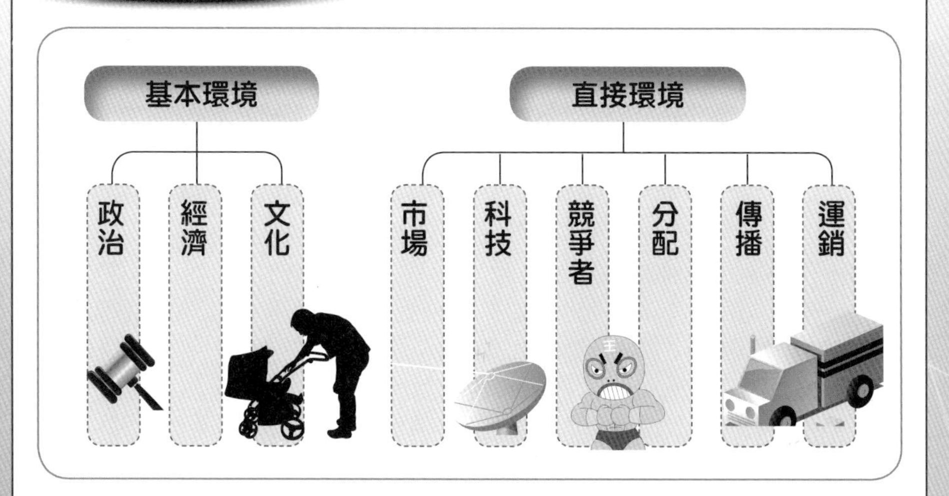

Unit 1-7 創業風險與創業心理準備

創業不只是追求自己的理想，更多的是面對公司營收的現實；創業不只是滿腔熱血，更多的是冷靜的判斷；創業不只是自由的當老闆，更多的是自律的對待工作。有鑑於創業所面臨的不確定性與風險，要比一般事業的經營高，因此其失敗率，相對而言要來得高。根據經濟部的統計，2000 至 2004 年之間，平均每年有 43,757 家的創新事業，同時，平均每年有 41,465 家的事業，遭到撤銷或解散， 算失敗率高達 95%。這些不確定性的創業風險，主要來自於以下兩部分：

一、外部風險

主要來源區分為市場、總體環境、災害等三種風險。

(一) 市場風險主要是市場與機會的不確定性，對於市場需求的過度樂觀估計、市場需求變化快速等均屬於此類。

(二) 總體環境的風險，包含政策法規（例如環保法令、勞動法規、稅法調整、消費者保護法規調整等）、經濟與消費能力、技術的改變、社會文化的適應等。

(三) 災害：包含天然災害（ 如颱風、地震、水災、旱災、火災、疾病等）與職業災害（包含職業災害、產品傷害等）等，這些均會對所欲開創之事業造成影響。

二、內部風險

主要來源是經營、資金取得、合夥單位等三類的風險。

(一) 經營風險，包含策略擬定、產品或服務開發、產能估計、工作流程設計、人員訓練不足、供貨來源、商標、行銷規劃等問題。

(二) 資金取得風險，指的是資金取得的來源、管道、經費錯估、現金流量不足、應收帳款太多、呆帳等問題。

(三) 合夥單位的風險，包含合夥人理念不合、分工不均、角色衝突等議題。

創業家的心理準備，可以從下列三個角度來建立：

(一) 事業的方向：決定創業的方向是最基本的考量事項，這需要機會尋找，以及個人能力興趣之配合，此項心理準備主要考量的是：所開創的事業若要成功，其條件為何？若未能滿足這些條件，則創業過程可能相當痛苦，甚至失敗。

(二) 失敗的機率：此項心理準備主要考量的是，創業必然有其失敗的機率，而且相對於成熟事業的經營，失敗機率更高，因此，創業家應該有最壞的打算，若是遇到創業失敗，應如何做心理及行動上的因應。

(三) 失敗的後果：創業失敗後的影響，是否為創業家所能承擔，也是重要的考量因素，其影響層面包含了創業團隊、家庭、甚至社會，這些後果是否可以承擔，應該加以評估。

創業相關研究中，以創業家的特質及外在環境所提供之數據，最為重視。前者重視的是創業家是否擁有Unit 1-3之特質，後者強調的是Unit 1-4中「機會分析」裡的機會，是否足夠這項創業的成功。

創業相關之研究

特質學派 以個人特質為創業主動機

數據學派 受外在環境影響並預期更好報酬為創業動機

風險

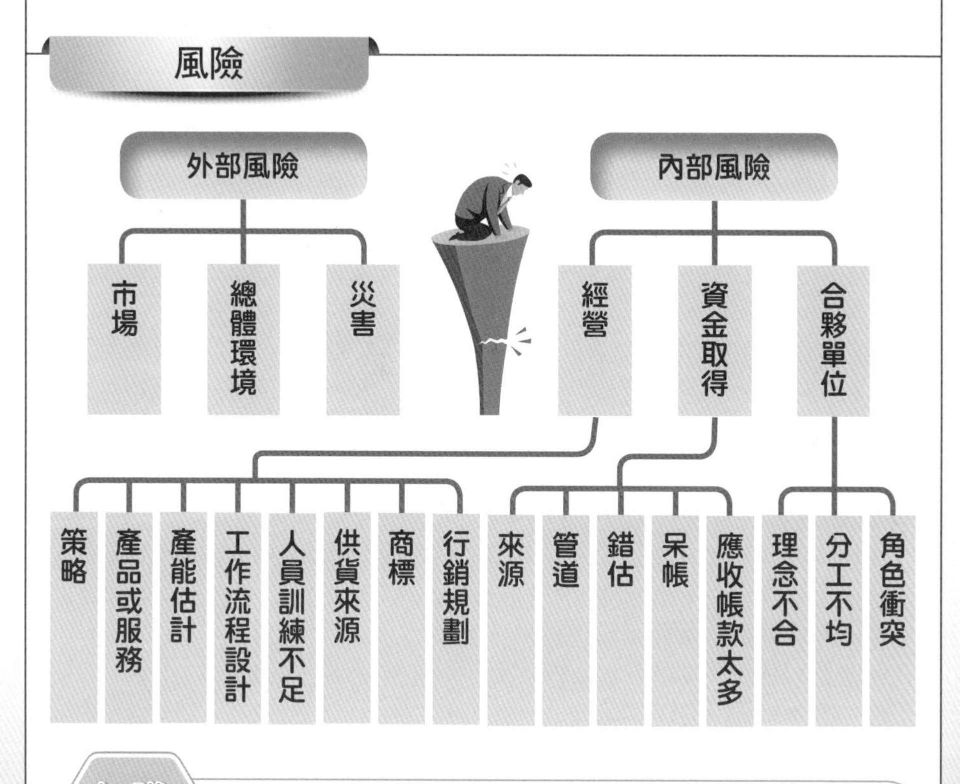

知識補充站

立法52年來最大修正幅度的新版《電業法》，2025年非核家園政策也正式入法，在2017年1月11日在立法院三讀通過，臺灣正式進入「綠能先行、多元供給」電業時代；經濟部將盡速處理相關子法，最快下半年綠電業者，就可申請直供賣電給客戶。新法通過後，風力、太陽能、沼氣、水力（含小水力）、地熱等再生能源，創業者都可直接拉饋線供電，或委由台電代輸給自己客戶，不必像現在只能賣給台電。同時允許再生能源業可採公司以外型態，如合作社方式經營，方便民間團體或部落加入。所以對創業者來說，這正是一大利多。

Unit 1-8 創業四大要件

美國著名的創業管理專家提摩教授 (J. A. Timmons)，將創業 (New Venture Creation) 視為「機會、資源、團隊」三大要素的結合，並針對創業過程管理，提出一套提摩理論 (Timmons Model)。所謂 Timmons Model 主要強調創業家在推動創業的過程中，必須要不斷的調適、平衡、整合「機會、資源、團隊」這三項要素。因此他認為創業管理成敗的關鍵就是，創業家如何在新事業發展過程中，拿捏「機會、資源、團隊」三項要素。

一、機會

奧地利學派的學者認為：「創業者不是在搜尋機會，因為機會是被定義的，在機會被發現之前，沒有人知道那是『機會』。」所以，人們是經由重新定義資訊，來「發現」創業機會，所以不是搜尋來的。Sarasvathy et al. (2003) 係從供需關係構面，提出機會辨識 (Recognition)、機會發掘 (Discovery)、機會創造 (Creation) 等三種類型。首先，機會辨識是透過供需關係，來連結創業機會，其創新程度較低。其次，機會發掘則強調，供需雙方的任何一方未知時，創業家如何嘗試發掘市場機會，其創新程度介於中間。機會創造係供需雙方的情況皆不清楚，創業家如何具有洞察先機，來創造市場價值，其創新程度較高。

二、創業資源

成功的創業家及創業團隊，會想出有創意且務實的方法，來配置並獲取所需的資源。一般來說，資源是指企業運作所需的財務資源、人力資源、及實體資產等資源。

(一) 財務資源：如現金流量、貸款能力等。

(二) 人力資源：如員工、董事會、律師、銀行、會計師、顧問等。

(三) 實體資產：如公司的廠房、設備、電腦等。

(四) 其他無形資源：人際關係、顧客關係、供應商關係、經營團隊的聲譽。

三、人脈

人脈是創業者的業務命脈，這包括創業夥伴、潛在客戶、策略夥伴等等，有了活絡豐沛的人際網路，不但能避免孤軍奮戰的窘境，還能確保源源不斷的業務機會。

四、創業團隊

一般而言，創業團隊由四大要素組成。

(一) 目標：目標是將人們的努力，凝聚起來的重要要素，從本質上來說，創業團隊的根本目標，都在於創造新價值。

(二) 人員：任何計畫的實施，最終還是要落實到人的身上去。人作為知識的載體，所擁有的知識，對創業團隊的貢獻程度，將決定企業在市場中的命運。

(三) 團隊成員的角色分配：明確各人在新創企業中擔任的職務和承擔的責任。

(四) 創業計畫：制定成員在各階段分別要做的工作，以及怎樣做的指導計畫。

創業要件

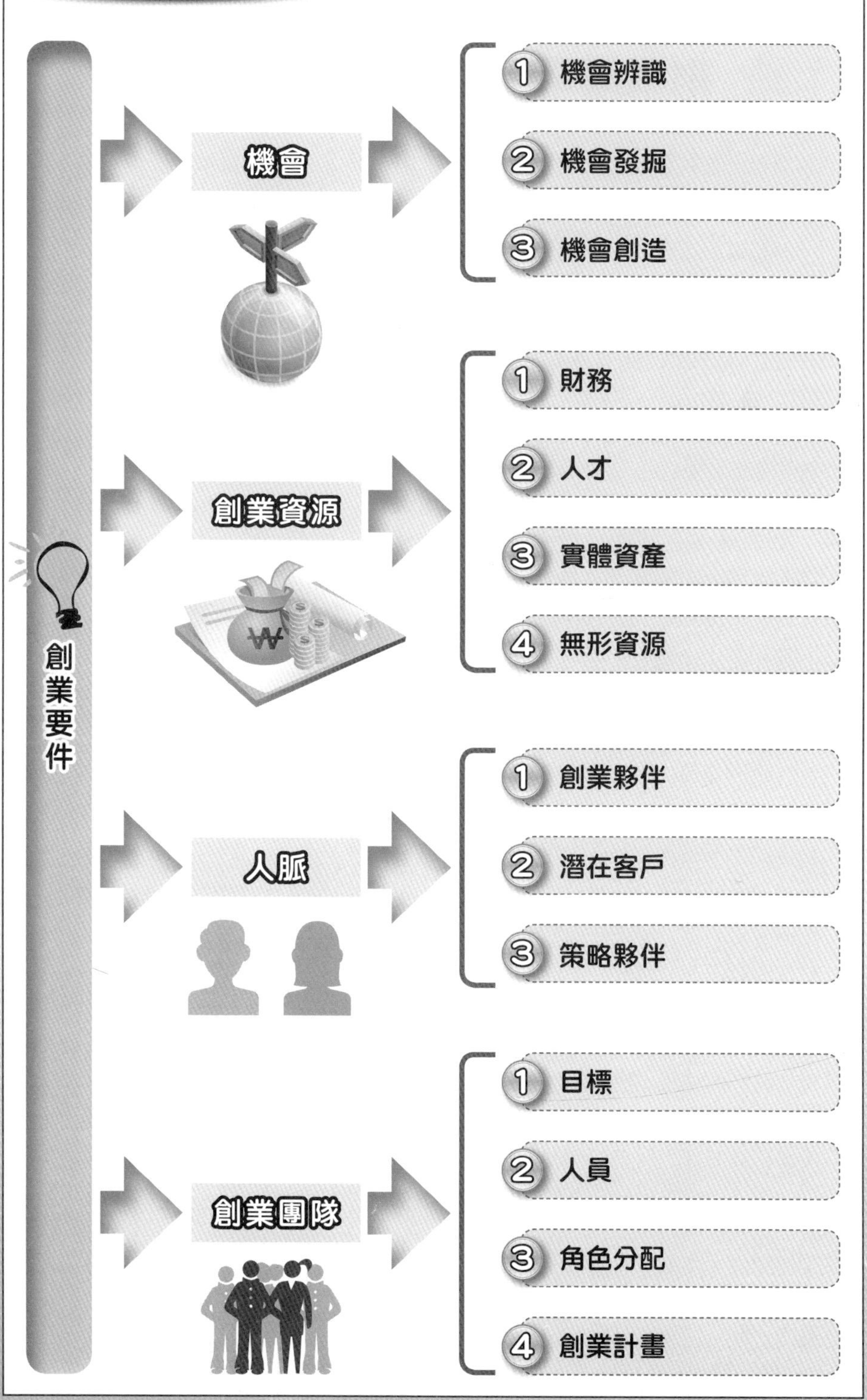

創業要件

機會
1. 機會辨識
2. 機會發掘
3. 機會創造

創業資源
1. 財務
2. 人才
3. 實體資產
4. 無形資源

人脈
1. 創業夥伴
2. 潛在客戶
3. 策略夥伴

創業團隊
1. 目標
2. 人員
3. 角色分配
4. 創業計畫

Unit 1-9 創業策略

創業是一個長期努力的過程，從創業的決定、執行、到新事業營運，均有其阻力，因此就凸顯策略的重要性。

一、策略的意義：策略的原始意義，源自於古希臘字，指的是將資源有效利用以消滅敵人，或為將擁有的資源力量有效利用，以指揮軍隊殲滅敵軍，或使損失降低之手段。在企業管理的領域中，

(一) Chandler (1962) 對策略的定義是，企業長期的基本目標與目的的決定，以及達成這些目標所採取的行動方案和資源分配。

(二) Von newman 與 Morgenstern (1947) 對策略的定義是，策略乃廠商為因應某些特殊情勢所採取的一系列行動。

(三) Ansoff (1965) 對策略的定義是，由產品（或市場）範圍、成長方向、競爭優勢，以及綜效等四要素，所交織成的共同脈絡。

策略可能會因應環境的變化或特殊情勢，採取相關行動，但亦都必須牽涉資源的取得、分配以及應用，最後以達到組織的目標。

二、策略的功能：在於思考並尋找，企業生存的憑藉，策略是企業主導者或經營團隊，面對企業未來所勾勒出來的整體藍圖，因此策略至少有以下的意義：

(一) 評估並界定新創事業的生存利基；

(二) 建立並維持新創事業不敗的競爭優勢；

(三) 達成新創事業目標的系列重大活動；

(四) 形成內部資源分配過程的指導原則。

三、創業策略：首先是評估自己的能力與興趣，因為不是人人都適合創業，尤其經營事業背負的壓力很大，因此更要仔細衡量自己的條件，是否足以勝任創業大計。第二是蒐集資訊，找到有利於自己的創業環境，例如國家的經濟、貿易、金融與稅務制度。第三是建立新創事業的獲利模式。每一種新創事業的發展模式，其中非常關鍵的，就是獲利模式，因為它涉及營業型式和策略。過去創業模式，重視「產品」的產生，相對需較大的資本投入，製造出有形商品；然而，這波創業潮，因受惠網際網路應用的蓬勃發展，故商業模式的重要性反而勝出。第四是開發新產品或提供新服務。就新產品開發而言，最重要的是了解消費者的需求，並將需求轉化為具差異化，且勝出的產品規格。第五建立有效分工合作的組織。第六是資金調度。創業要順利發展靠的是資金、技術以及人才，創業不能沒有資金，以航太產業為例，從品質系統認證、特殊製程開發，到取得產品量產認證，平均超過六年。許多開發商在前期研發階段，就因為燒錢太快，撐不到認證通過，面臨倒閉危機。第七是不斷創新研發升級。這可以分為兩大類，一是「主體性創新」，二是「漸進增值性創新」。因為唯有不斷的進步，新創事業才能持續的經營下去。

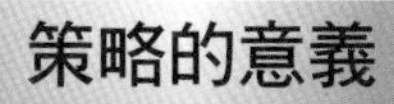

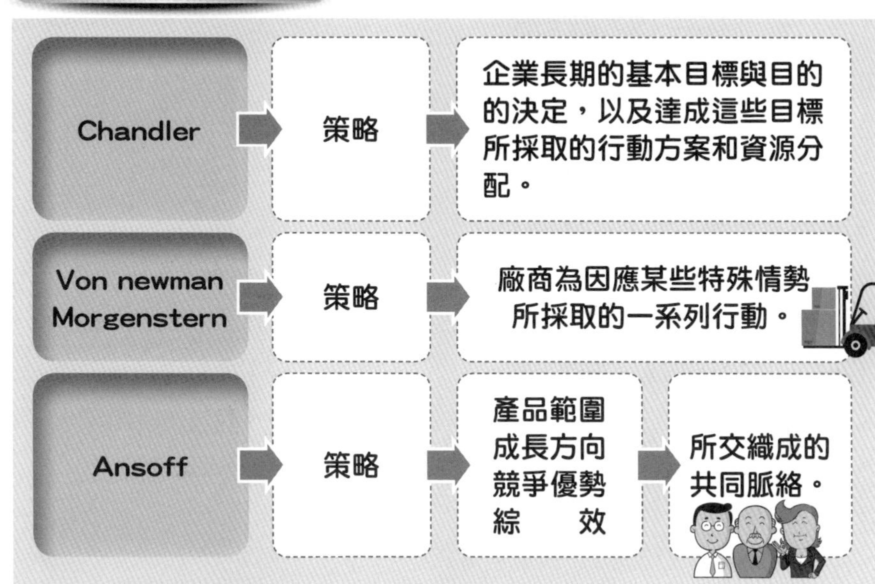

策略功能

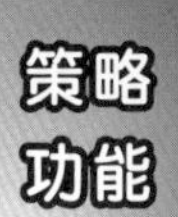

1. 評估並界定新創事業的生存利基
2. 建立並維持新創事業的競爭優勢
3. 達成新創事業目標的系列重大活動
4. 形成內部資源分配過程的指導原則

創業策略

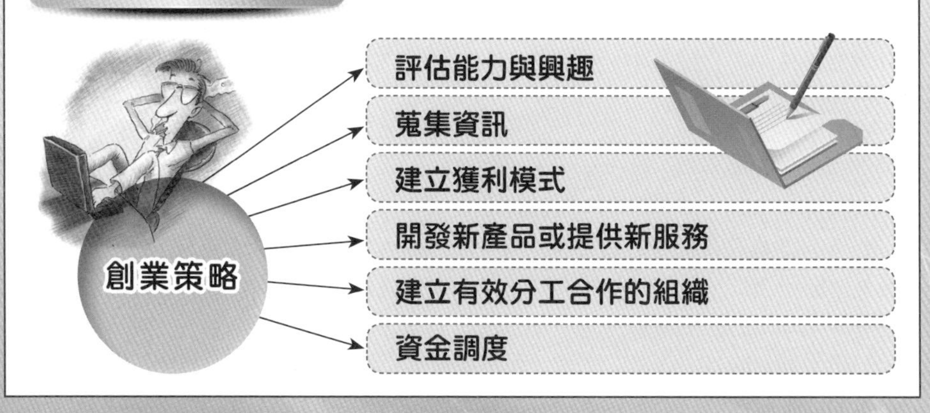

Unit 1-10 創業方式

當前常見的創業方式，主要有以下四大類：

一、複製型創業

這是指在現有的經營模式基礎上，簡單複製的一種創業模式。

二、網路創業

有效利用現成的網路資源，網路創業主要有兩種形式：網上開店，在網上註冊成立網路商店。網上加盟，以某個電子商務網站的形式經營，利用母體網站的貨源和銷售管道。

三、加盟創業

這是在透過總部的領導下，採取共同的經營方針、一致的營銷行動，實行集中採購，和分散銷售的有機結合的聯合體。加盟採取直營、委託加盟、特許加盟等形式連鎖加盟，投資金額根據商品種類、店鋪要求、加盟方式、技術設備的不同而不同。

四、兼職創業

即在工作之餘創業。如可選擇的兼職創業：教師、培訓師可選擇兼職培訓顧問；業務員可兼職代理其他產品銷售；設計師可自己開設工作室；編輯、撰稿人可朝媒體、創作方面發展；會計、財務顧問，可代理作帳理財；翻譯可兼職口譯、筆譯；律師可兼職法律顧問和事務所；策劃師可兼職廣告、品牌、行銷、公關等諮詢。當然，你還可以選擇特許經營加盟、顧客獎勵計畫等等。

五、團隊創業

團隊創業可共擔責任，以降低風險，並增加企業成功的機率。好的團隊創業，具備的組成特質，有以下三方面：

(一) 企圖與承擔：創業團隊的核心成員，一定要具有高度的創業企圖與具體承諾。簡單來說，就是全身投入、破釜沈舟。企圖心與承諾的展現，未必是投資金錢或者具體的財務數字，也可能是時間成本，與職涯機會成本的投資，或者是事業人脈與核心團隊的帶入。

(二) 多元互補的專業：同質性過高的團隊，思考容易受限，執行出現盲點。因此好的創業核心團隊，至少需要延攬不同方面的人才。除了成員的學經歷與專長之外，國籍、種族、年齡、性別、人格特質與第二專長，也都是多元選擇的因素。

(三) 理念與價值觀：策略要能執行，端賴團隊運作，除了適當的管理機制、溝通平臺與激勵措施外，創業家是否能傳達理念與價值觀，並形塑成為長期的企業文化，至關重要。任何新創事業都有應該遵循的管理法則與價值觀。如果不能遵循這三個要素，很容易就會因為「人」的問題，而將技術、市場或產品等策略問題，轉變為組織內的資源搶奪或意氣鬥爭。

常見的創業方式

常見的創業方式

複製型創業

網路創業

加盟創業

兼職創業

團隊創業的考量

企圖與承擔

多元互補的專業

理念與價值觀

第 2 章

新創事業之產（行）業選擇與分析

章節體系架構

Unit 2-1 創業之產（行）業分析要項

創業者往往面臨不知該選擇哪種行業而困擾不已。若稍一不慎選錯行業，可能會導致失敗而後悔終生。因此本書以專章，來說明新創事業之產業選擇。創「業」要大成功，往往需要大機運。大機運與產業環境有密切關係，所以創業應該先選擇要在哪一種產業來創「業」。全球創業觀察(GEM)把產業類別區分為：農漁牧礦原料採集產業（第一產業）、製造與建築產業（第二產業）、個人服務產業（第三產業中較低附加價值與勞動力密集的個人服務）、商業服務產業（第三產業中提供較高附加價值與知識密集的專業服務）幾個大類。

根據民國100年3月行政院針對「中華民國行業標準」曾進行的分類，此處所謂的行業是指經濟活動部門的種類。本次行業標準分類修訂共分為19大類、89中類、254小類、551細類。產業就其大類來說，第一大類是農、林、漁、牧業；第二大類是礦業及土石採取業；第三大類是製造業；第四大類是電力及燃氣供應業；第五大類是用水供應及污染整治業；第六大類是營造業；第七大類是批發及零售業；第八大類是運輸及倉儲業；第九大類是住宿及餐飲業；第十大類是資訊及通訊傳播業；第十一大類是金融及保險業；第十二大類是不動產業；第十三大類是專業、科學及技術服務業；第十四大類是支援服務業；第十五大類是公共行政及國防、強制性社會安全；第十六大類是教育服務業；第十七大類是醫療保健及社會工作服務業；第十八大類是藝術、娛樂及休閒服務業；第十九大類是其他服務業。

「產（行）業分析」的取向：若想要在製造業來創業，就須考慮是否有技術、資金、產量及效能上的優勢，服務業則不同。但無論是製造業或服務業，在選擇創業時，都應先進行行業的「產業分析」。「產業分析」具有四種重要的取向：

一、未來取向：無論是從政府扶植產業，企業轉型，或創業者的角度，最該關心的，就是大環境將如何改變，產業該怎麼調整走向。

二、利益取向：產業有利才能繼續生存與發展，無利則難以生存，所以在產業分析時，利益取向不可缺。

三、競爭取向：全球化時代就是競爭激烈的時代，產業內與產業外都會有其威脅與競爭者。產業有沒有競爭力關係產業的獲利與存亡。所以競爭廠商之間，相對的優勢與弱點、市場占有率、顧客忠誠度，以及競爭的強烈程度，都是產業分析的重點。

四、環境取向：環境是新創事業生存的土壤，也就是說，任何新創事業幾乎都是存在於一個開放系統，因此它會受到上、下游及相鄰產業的影響。環境若變，產業就會改變。所以在產業分析時，必然要分析產業經營的大環境。譬如，臺灣幾乎不產貴金屬礦藏，但透過冰箱、洗衣機、LCD電視、電腦、照相機、手機的回收，可提煉出鉑、金、銀、鈀等貴金屬。根據環保署資料顯示，臺灣一年回收180萬支手機，及142.5噸電腦主機板，可提煉價值3.01億元的稀有貴金屬。從環境中，新創事業可以發現創業的機會。

行業

- 農、林、漁、牧
- 礦業
- 製造業
- 電力、燃氣供應業
- 用水供應、污染整治業
- 營造業
- 批發及零售業
- 運輸及倉儲業
- 住宿及餐飲業

- 通訊及通訊傳播

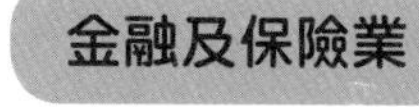

- 金融及保險業
- 不動產業
- 科技服務業
- 支援服務業
- 國防、強制性社會安全
- 教育服務業
- 醫療保健
- 藝術、娛樂及休閒服務
- 其他服務業

創業之產業分析取向

Unit 2-2 創業之產（行）業選擇——趨勢分析

新創事業絕對不能只考慮自己專長及興趣，最重要的關鍵還是能否符合產業的大趨勢。新創事業與產業大趨勢相符者，旺！相離者，危！相悖者，亡！

一、了解產（行）業趨勢

系統是一組互相倚賴所組成的部分。要系統式觀察產業的動態變化，才能了解產業趨勢，而不會被產業一時的風潮所迷惑。

(一) 系統觀察「什麼正在改變」，「為何會發生」，然後推想未來的 3~5年內，這些趨勢可能的變化。

(二) 趨勢不必然是由某層階級，來領導流行，要觀察整體消費趨勢的變化、消費者的生活形態等綜合因素加以評估。

二、趨勢會改變

趨勢是因為人口結構、經濟因素、市場法規、新技術發明、政府財政、地球暖化、地震、瘟疫、戰爭……變化，進而產生消費需求的變化。沒有看到趨勢改變，對於品牌企業就是威脅。

【案例一】手機已經取代相機、遊戲機、鬧鐘、收銀機、計算機等生產相關的品牌企業。若未發現趨勢改變而有所因應，從市場消失只是時間的問題。

【案例二】王安電腦早期的崛起與獨霸，卻因未認清市場趨勢，最後竟快速消失。

【案例三】柯達軟片因未能先了解數位相機的趨勢，造成企業幾無立錐之地。

三、目前大趨勢

全球化趨勢、網路化趨勢、少子化趨勢、高齡化趨勢、「宅經濟」趨勢、貧富懸殊趨勢、綠色能源趨勢……。在這些產業大趨勢之外，每一種產業的內部，還有自己的趨勢。譬如，3C電子產品，輕、薄、短、小的趨勢。

四、趨勢背後的機會與威脅

每一個產業大趨勢的背後，都潛藏著機會與威脅。目前的世界潮流，蘊藏在節能減碳、銀髮族的照護保健等趨勢背後，其實充滿著無限商機，值得企業在此建立核心價值。

【案例1】「宅經濟」趨勢：「宅男」、「宅女」因整天窩在家裡，看 DVD、玩線上遊戲、看漫畫、逛網路拍賣平臺等，因此讓相關產業能逆勢成長。

【案例2】2009年 9月，歐盟禁止銷售 100瓦白熾燈泡， 2012年全面禁用白熾燈泡。企業若是從中找到減碳及綠能的趨勢，然後運用創造力，必能抓住商機。

創業之產（行）業選擇

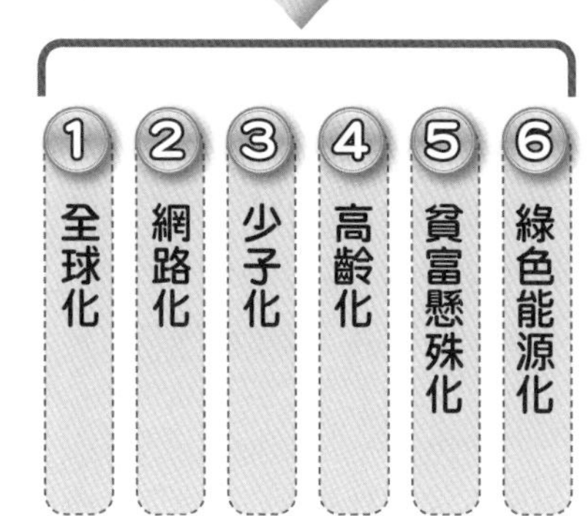

知識補充站

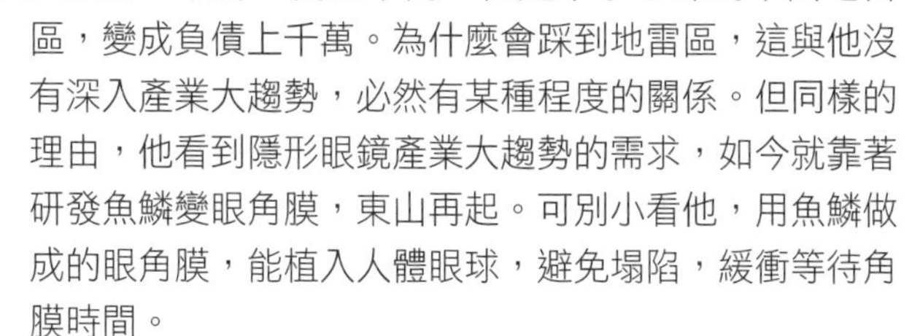

案例一

賴弘基小時候家境貧窮，從打工皇帝一路變老闆，一開始事業平步青雲，年薪一度近千萬，但是不小心踩到中國地雷區，變成負債上千萬。為什麼會踩到地雷區，這與他沒有深入產業大趨勢，必然有某種程度的關係。但同樣的理由，他看到隱形眼鏡產業大趨勢的需求，如今就靠著研發魚鱗變眼角膜，東山再起。可別小看他，用魚鱗做成的眼角膜，能植入人體眼球，避免塌陷，緩衝等待角膜時間。

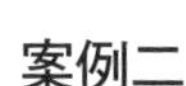

案例二

33歲的七年級生柯梓凱，小時候家境不算好，媽媽常從豐原，騎車載著孩子「四貼」到太平找外婆，因此在五專生涯中「不務正業」，一天打3份工，辛苦存下20萬元，為了夢想及經濟需求，退伍後開始創業。如今旗下的餐飲版圖，已擴及臺灣、印尼、馬來西亞及大陸，海內外店家上百，擁有的品牌達11個之多。他成功的原因很多，但與運氣和創業時之大趨勢相吻合，都密切相關。

Unit 2-3 產業的分類

產業可以按不同的變數加以區分，譬如資源密集程度、產業的特性、政府的分類等，以下針對這些不同類別的變數，分類並說明。

一、資源密集程度分類

(一) 勞力密集產業(Labor Intensive Industry)，是指一個產業在進行生產活動時，所需要的勞動人力，遠超過技術和資本的投入。

(二) 資本密集產業(Capital Intensive Industry)，是指一個產業在進行生產活動時，需要資本設備的程度，大於需要勞動人力的程度時，則稱為資本密集產業。

(三) 技術密集產業(Technology Intensive Industry)，又稱知識密集型產業，這是需用複雜先進而又尖端的科學技術，才能進行工作生產與服務。

二、產業特性分類

(一) 第一級產業是農業：在各種經濟活動裡，可直接取自天然資源或利用天然資源來培育生產者，稱為第一級產業。可分為「農、林、漁、牧業」及「礦業及土石採取業」。

(二) 第二級產業是工業：由第一級產業所生產的產品，包括直接使用及必須經過加工製造，配送至市場銷售，亦稱為工業或製造業活動。可分為製造業，電力、水源及燃氣供應業，污染整治業及營造業。

(三) 第三級產業是服務業：產品製造包裝完成後，必須透過運輸、批發、零售的過程才可以送達消費者的手上。而零售、批發稱為商業；其運輸、倉儲、金融保險、教育業、休閒娛樂及醫療服務等等稱為服務業；另包括住宿及餐飲業、資訊及通訊傳播業、不動產業……，這些產業合稱為第三級產業。

三、產業特徵分類：(一) 如重工業、輕工業。(二) 如資本密集、勞力密集產業。(三) 如高科技、技術密集產業。

四、產業環境特性分類：美國哈佛大學教授麥克・波特(Michael E. Porter)，根據產業環境特性，將產業分為以下五大類：

(一) 分散型產業：是一個競爭廠商很多的環境，在此產業中，沒有一個廠商有足夠的市場占有率去影響整個產業的變化，大部分為私人擁有之中小企業。

(二) 新興產業：是指一個剛剛成形，或因技術創新、相對成本關係轉變、消費者出現新需求、或經濟、社會的改變，而導致轉型的。

(三) 變遷產業：產業經過快速成長期進入比較緩和成長期，稱之為成熟性產業，但可經由創新或其他方式促使產業內部廠商繼續成長而加以延緩。

(四) 衰退產業：凡連續在一段相當長的時間內，單位銷售額呈現絕對下跌走勢的產業，而產業的衰退，卻不能歸咎於營業週期、或其他短期的不連續現象。

(五) 全球性產業：競爭者的策略地位，在主要地理區域或國際市場，都受其整體全球地位根本影響。

產業的分類

資源密集度

- 勞力密集產業
- 資本密集產業
- 技術密集產業

產業特性

- 第一級產業
- 第二級產業
- 第三級產業

產業特徵分類

- 重、輕工業
- 資本、勞力密集產業
- 高科技、傳統產業

波特分類法

- 分散型產業
- 新興產業
- 變遷產業
- 衰退產業
- 全球性產業

Unit 2-4 創業切入產業的階段選擇

產業不同發展的階段，對於新創事業者而言，具有不同的利基。

產業生命週期模式(Industrial Life Cycle Model)是分析與預測產業演變軌跡重要的分析工具。由於多數產業隨時間經歷不同階段，而不同生命週期的產業，其所面臨的困難、機會和威脅，也有所不同，解決亦應有所差異。

一、產業階段的劃分

(一) Porter (1980)、吳思華(1988)：將產業分為四個階段，依序為初生期、成長期、成熟期及衰退期。

(二) Hill & Jones (1998)：產業生命週期包括導入期、成長期、震盪期、成熟期、衰退期等階段，此象徵整個產業演化之過程。

(三) Ansoff & McDonnell (1995)：產業生命週期分為萌芽期、成長期、成熟期與衰退期。

二、產業階段的意義與特徵

(一) 導入期：導入期產業是指近五年，產業產值不高，但成長率快速的產業。導入期因大眾對此產業尚感陌生，產業未達規模經濟，成長相對緩慢。所以導入期對政府創新政策之需求，明顯高於成長與成熟期。其特徵有：1. 產品定價較高；2. 尚未發展良好的經銷通路；3. 競爭手段為教育消費者。

(二) 成長期：當產業的產品，開始產生需求時，產業便會步入成長階段。成長期產業指近五年產業產值，平均成長率介於10-30%之產業。在此階段中，會有許多新買者的進入，因而使需求快速擴張。其特徵有：1. 獲得規模經濟效益使價格下降；2. 經銷通路快速發展；3. 潛在者的威脅度最高；4. 競爭程度低；5. 需求快速成長使企業增加營收。

(三) 震盪期：由於需求不斷擴大，再加上新企業的加入，使得在此階段的競爭變得激烈。此階段的需求成長，已不如成長階段，因而會產生過剩的產能。所以企業會紛紛採用降價策略，來解決產業消退，與防止新企業加入的問題。其特徵有：1. 競爭程度激烈；2. 產生過多的產能；3. 常採用低價策略。

(四) 成熟期：成熟期指近五年產業產值，平均成長率低於10%之產業。在此階段中，市場已完全飽和，需求僅限於替換(replacement)需求。此時的進入障礙會提高，但其潛在競爭者的威脅會降低。其特徵有：1. 低市場成長率；2. 進入障礙提高；3. 潛在競爭威脅降低；4. 產業集中度較高。

(五) 衰退期：衰退期指近五年產業產值平均成長率為負之產業。負成長的因素，包括技術替代、人口統計變化、社會改變、國際化競爭等。此階段中，競爭程度仍然會增加，且有嚴重的產能過剩問題，因此企業便會採取削價競爭並可能引發價格戰。其特徵有：1. 出現負成長；2. 競爭程度增加；3. 產能過剩而產生削價競爭。

產業階段的劃分

Porter & 吳思華	Hill & Jones	Ansoff & McDonnell
① 初生期	① 導入期	① 萌芽期
② 成長期	② 成長期	② 加速成長期
③ 成熟期	③ 震盪期	③ 減速成長期
④ 衰退期	④ 成熟期	④ 成熟期
	⑤ 衰退期	⑤ 衰退期

產業階段的意義與特徵

→ 定價高
通路不完整
須教育消費者

成長期特徵 → 獲規模經濟效益使價格下降
經銷通路發展快
潛在者威脅程度高
競爭程度低
企業營收增加

震盪期特徵 → 競爭激烈
過多產能
常採用低價策略

成熟期 → 低市場成長率
進入障礙高
潛在競爭威脅低
產業集中度較高

衰退期 → 出現負成長
競爭程度↑
產能過剩→削價競爭

Unit 2-5 創業之產業選擇

新創事業之產業選擇，猶如人入對行一樣，在選擇踏入哪一種產業前，除了考量自己有沒有興趣長久經營外，也必須深入了解該產業或業態的前景如何？投入的產業是否具備獨特的優勢，因為這攸關創業者要創造一個短期可以養家活口、未來且戰且走的事業；還是一個可以全心投入、可長可久的事業。因此，新創事業之產業選擇，必須注意以下八點，如此創業成功機率就較高。

一、要選擇真正適合自己的企業類型：尤其是個性因素，即自己的興趣、愛好等。譬如，喜歡與人打交道，就可以考慮服務業；如果不喜歡與人打交道，而更喜歡解決工程技術性問題，就應該考慮製造業。

二、技術專長與工作經驗：技術專長是一個人所具備的專業知識和技能，是重要的創業資本。從事自己最擅長的行業，是創業成功的重要保障。

三、資金需求：企業類型不同，所需投入的資金數量也不同，資金回收的週期也不同。資金需求量最大的是製造業，資金投入大，回收較慢；而資本需求量最小的是服務業。根據自己的資金情況和創業類別所需資金的數量，選擇適當的投資項目。

四、選擇符合時代需要的行業：新創事業存在的價值，就在於滿足市場的需求。產業選擇若能結合時代的需要，創業成功機率就較高。以民國100年為例，根據主計處最新公布的統計，臺灣25歲到29歲的人口中，每100位就有70位未婚；而30到34歲未婚比例也有41.1%；另外，已離婚或分居的人數逾105萬，占總人數5%，在在顯示，臺灣代表「一個人」的單身人口十分可觀且還在增加中。近幾年在臺灣，寵物商機崛起，小宅熱門。甚至連電視廣告，最近也出現「一個人，不行嗎？」的訴求。可以看出，有愈來愈多的商機，都是從如何滿足一個人的需求衍生出來。這樣的趨勢，不只在臺灣，同樣也發生日本。日本現在有「一人午餐」、「一人居酒屋」、「一人卡拉OK」的專門店。以上環境的趨勢都告訴創業者不能忽視時代的需要。

五、獲利較高之行業：創業本來就是要獲取利益，假如選擇之事業獲利率不高，那創業就沒有意義了。

六、風險低回收率較快之行業：創業初期資金較短缺，若選擇風險低且回收較快之事業，可避免資金被卡死無法運用而導致周轉不靈之窘況。

七、選擇搭配政府政策之行業：民進黨完全執政，正是徹底改造國防的時機。蔡英文總統將國艦國造，列為重要政策方向，所衍生相關的商機極為龐大。

八、選擇具自然稟賦之行業：選擇具自然稟賦的產業切入，若走外銷模式，則具有價格優勢。以臺灣為例，上帝所賦予臺灣種植高山茶的自然環境，可謂「得天獨厚」。臺灣的茶葉擁有兩項優勢，是上帝賜給臺灣的寶物：一是因為高山氣候冷涼，早晚雲霧籠罩，平均日照短，因此提高了「茶胺酸」及「可溶氮」等，對甘味有貢獻的成分。二是由於日夜溫差大，及長年午後雲霧遮蔽的緣故，使得茶樹具有芽葉柔軟，葉肉厚實，果膠質含量高等優點。

創業之產（行）業選擇

選擇 1 要選擇適合自己的產（行）業類型

選擇 2 技術專長與工作經驗

選擇 3 資金需求

選擇 4 符合時代需要之行業

選擇 5 風險低、回收快之行業

選擇 6 搭配政府政策之產（行）業

選擇 7 具當地自然稟賦之行業（臺灣高山茶）

知識補充站

產業趨勢

目前產業五大新趨勢是，「大、智、移、雲、物」（大數據、智慧城市、移動互聯、雲端科技、物聯網）等。以區域來說，臺灣老化速度是全球最快，再2年就跨入「高齡社會」，10年內再進化成「超高齡社會」，五個人裡面有一位65歲以上長者。再約40年，臺灣即將成為全球最老的國家。

Unit 2-6 農業創業應注意事項

儘管農業是個古老的行業，但證諸臺灣歷史，從荷蘭到國民政府時期，都需要它、經營它。對於新創事業者，不管是否具有農業的專業背景和知識，起步階段可依其有興趣投入作物種類，選擇農業概論、農藝學概論、園藝學概論等基礎學科，建立對生產過程有整體概念。

臺灣位處亞熱帶地區，儘管農作耕作面積有限，個別農民經營規模相對不大，受到國內勞動力、資本、土地等生產資源相對稀少，產業發展常受侷限。但多年來的努力，精緻農業、品種選育、設施栽培、產期調節、產品加工、品牌行銷、農業休閒旅遊等成果已廣受各國肯定，四季產品種類豐富、品質優良，毛豆、芒果、蝴蝶蘭、文心蘭、馬拉巴栗等產品已成功行銷國際市場。

一、農業創業應有的初階規劃

1. 對選擇農業創業的期待為何？2. 希望投入的作物種類及產銷階段？3. 土地、技術、資金的準備，是否已充分？4. 對未來工作環境，是否已有所認識？

二、農業創業應注意事項

專業栽培時應注意：1. 當地氣候；2. 土壤環境；3. 選擇適地適種；4. 土地資金取得；5. 種苗選購；6. 種植後的水分、肥料；7. 病蟲害管理；8. 整枝修剪；9. 採收分級；10. 貯運銷售等。以上各環節有賴創業者的細心投入與持續關注，才會有良好產品品質及收穫。

三、增加實務能力、降低風險

在增加實務能力方面，除查詢網頁相關資訊外，可以就近：1. 拜訪當地農友；2. 產銷班農會；3. 合作社；4. 農業改良場推廣部門詢問。

四、爭取資源、壯大實力

在爭取資源、壯大實力方面，應了解如何可以取得協助：1. 政府相關技術；2. 貸款；3. 農地；4. 機械；5. 設施。

五、勇敢、務實邁出第一步

剛開始階段，建議可先參加由縣市農會成立的在地青年農民交流聯誼平臺；並報名參加農民學院或當地農業改良場農業概論、特定產業進階實務技術、經營管理等相關課程。

農業創業應注意事項

農業創業初期規劃

1.確認農業創業之期待

2.希望投入的作物種類及產銷階段

3.土地、技術、資金的準備，是否充分

4.對未來工作環境的認識

農業創業應注意事項

- 當地氣候
- 土壤環境
- 選擇適地適種
- 土地資金取得
- 種苗選購
- 種植後的水分、肥料
- 病蟲害管理
- 整枝修剪
- 採收分級
- 貯運銷售

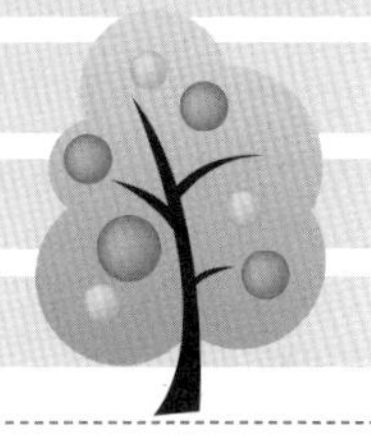

增進實務能力

- 拜訪當地農友
- 拜訪產銷班農會
- 拜訪合作社
- 拜訪農業改良場推廣部

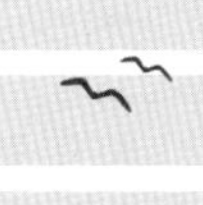

爭取資源

- 政府相關技術
- 貸款
- 農地
- 機械
- 設施

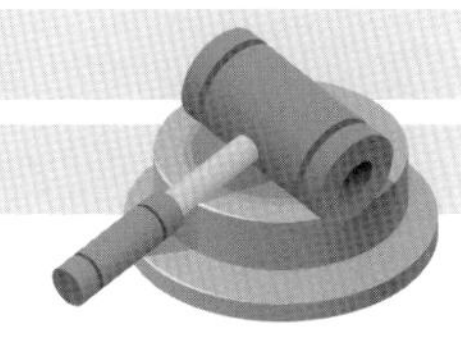

Unit 2-7
服務業之創業類別

為了讓有意創業者得到更適切的協助，行政院青輔會特別邀請專家集思廣益，擬出下列六類以服務業為主的領域，作為創業的參考。

一、創意服務類：以創意發想、執行為主要工作內容的職業。適合需要自由而不喜歡受拘束的創意工作者，由於此類工作地點非常具有彈性，因此也適合想在家工作以便兼顧家庭的職業婦女或自由工作SOHO族。主要有：1. 企劃公關業；2. 多媒體設計製作業；3. 翻譯編輯業；4. 服裝造型設計業等，其他還有文字工作者、平面設計工作者、廣告、音樂創作、攝影、口譯……。

二、專業諮詢類：以提供專業意見，並以口才、溝通能力取勝的行業，由於工作內容與場所都富有高度彈性，因此跑單幫遊走各家企業、或成立工作室的可行性也極高。主要有：1. 企業經營管理顧問業；2. 旅遊資訊服務業；3. 心理諮商業；4. 專業講師；5. 美容美體諮詢顧問業。

三、科技服務類：在網路科技如此發達的情況下，擁有電腦或網路相關專長，創業機會相當多，甚至即使不見得是電腦高手，但因懂得使用電腦，便可提供科技廠商其所需的周邊服務。主要有：1. 軟體設計；2. 網頁設計；3. 網站規劃；4. 網路行銷；5. 科技文件翻譯；6. 科技公關。

四、補教照護類：包括兒童教養與老人看顧，通常需要相關證照。主要有：1.才藝班；2. 幼兒園；3. 托兒安親班；4. 居家照護；5. 老人安養服務；6. 家事服務。

五、生活服務類：關於衣食住行育樂等，一般民眾日常生活方面所提供之服務，主要以店面經營方式，又可分為獨立開店與加盟兩種。其中適合微型創業者或婦女開店之業種主要有：1. 西點麵包店；2. 咖啡店；3. 中西餐飲速食店；4. 服飾店；5. 金飾珠寶店；6. 鞋店；7. 居家用品店；8. 體育用品店；9. 書籍文具租售店；10. 視聽娛樂產品租售店；11. 美容護膚店；12. 花店；13. 寵物店；14. 便利商店。

六、休閒服務業類：休閒服務業涵蓋範圍廣泛，包括：音樂、遊戲、旅遊、劇場、觀光旅館、電影院、玩具、餐廳；另外，像電視、電影等娛樂媒體產業都是休閒服務提供的主流；當然還有近年興起、風靡青少年世代的線上影音、遊戲和網咖。其實，只要是能滿足國人對生活品質提升的要求，讓生活過得更輕鬆、更精緻，人與人之間的關係更和諧，都是很理想的休閒服務。最近掀起風潮的婚禮顧問公司以及年輕人最嚮往的公關顧問公司，也是創意休閒服務產業的代表。

服務業之創業類別

創意服務類

1. 企劃公關業
2. 多媒體設計製作業
3. 翻譯
4. 服裝造型設計
5. 攝影
6. 其他

專業諮詢類

1. 企業經營管理顧問業
2. 旅遊資訊服務業
3. 心理諮商業
4. 美容美體諮詢顧問業
5. 專業講師

科技服務類

1. 軟體設計
2. 網頁設計
3. 網站規劃
4. 網路行銷
5. 科技文件翻譯
6. 科技公關

補教照護類

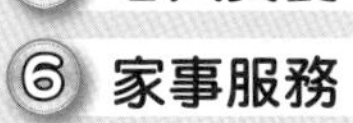

1. 才藝班
2. 幼兒園
3. 安親班
4. 居家照護
5. 老人安養
6. 家事服務

生活服務類

休閒服務類

1. 音樂
2. 遊戲
3. 旅遊
4. 餐廳

Unit 2-8 服務業創業考量二十四要點

孫子曰：「兵者，國之大事，死生之地，存亡之道，不可不察也。……夫未戰而廟算勝者，得算多也；未戰而廟算不勝者，得算少也。多算勝，少算不勝，而況於無算乎！吾以此觀之，勝負見矣。」其實創業也是這樣，需要多方面衡量。

1. 考量服務需求性高且替代性低。
2. 消費者接受度高低。
3. 服務之效用：直接、不確定、效用緩慢。
4. 服務之加值性：永久性、時效性、暫時。
5. 服務存續之生命期：三年以下、三年以上、十年以上。
6. 服務之新穎性：全新類型服務、服務之改良。
7. 服務之價格定位：大眾價格、區位價格、特殊價格。
8. 市場穩定性：低、普通、高。
9. 市場發展性：低、普通、高。
10. 市場總值：市場每年生產及消費的總值（餅有多大？）。
11. 市場區位：集中（可指地域、消費族群等屬性）；區域性（消費有一定的限制）；分散（消費行為屬於零散較難以控制）。
12. 市場成長率：服務新穎程度，及市場接受程度。
13. 資金門檻：本行業所需資金是幾十萬、幾百萬，或幾千萬以上。
14. 技術門檻：本行業是否必須具有專門技術，且有專門證照限制。
15. 專利保護：該服務是否已有專利保護。
16. 法令限制：本行業的創業資金申請程序，比一般營利事業申請更複雜。
17. 毛利率：20%以下、20%-40%、40%-60%。
18. 獲利穩定性：毛利率穩定且不易變化，或變化相當大，甚至會虧損。
19. 稅賦：稅賦明確或具有模糊性。
20. 損益兩平點：是否能在一年以內達成或須更久時間。
21. 價格優勢程度：所提供之服務價格，是否低於普遍市場行情；或與目前市場價格相似；或是偏離市場行情。
22. 服務提供成本：是否有特殊的管道或方式，擁有比同業更低的成本；成本能控制在目前業界的水準；心中並無特殊控制成本的想法。
23. 管銷成本：是否有特殊的管道或方式，成本比同業低，擁有比同業更低的成本；成本能控制在目前業界的水準；心中並無特殊控制成本的想法。
24. 行銷成本：是否有特殊的管道或方式，擁有比同業更低的成本；成本能控制在目前業界的水準；心中並無特殊控制成本的想法。

服務業創業考量要點

需求性高、替代性低	服務成長率
消費者接受度高低	資金門檻
服務之效用	技術門檻
服務加值性	專利保護
服務存續之生命期	法令限制
服務新穎性	毛利率
服務價格定位	稅賦
市場穩定性	損益平衡點
服務發展性	價格優勢程度
服務總值	服務成本
服務區位	管銷成本

知識補充站

德州農工大學的三位教授巴羅蘇拉曼(Parasuraman)、瑞瑟莫(Zeithamel)和貝利(Berry)的論點，將服務品質歸類為有形性、可靠性、回應性、保證性和同理心五個品質構面。回應性(responsiveness)是指員工願意幫助顧客與提供及時服務的意願。例如航空公司迅速而適時的票務、飛機上和行李處理系統。保證性(assurance)是指，員工具專業的知識、禮貌、自信，以及給顧客的信賴感；例如航空公司的商譽、良好的飛安紀錄、有能力的員工。同理心(empathy)是指，一種「感同身受」的情懷，亦即提供關心與個人化的服務給顧客；例如航空公司了解某些顧客的特殊需求、預期顧客可能有的需求。

E
S

第3章

創業企劃書

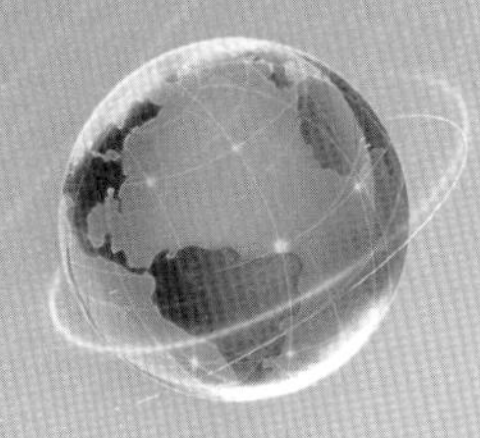

章節體系架構 

Unit 3-1 投資企劃書

「創業維艱，守成不易」，因此，新創事業必須有周詳準備。周詳準備就必須先完成創業企劃書，創業企劃書大致可分為四大類，投資企劃書；創業企劃書；營運企劃書；股東投資協議書。

創業家要想吸引投資者的資金，成功要件首先就必須顯示出這項創業投資，不但可能成功，同時還會帶來很高的報酬。投資企劃書需要很明確的說出：一、事業經營的構想與策略；二、產品市場需求的規模與成長潛力；三、財務計畫；四、投資回收年限；五、要提出市場、財務的分析預測，且有具體事實的根據。

投資企劃書係創業者創業過程中，最重要的一環。其係在創業之前，讓企業者能夠對於所創事業，先做一番評估。評估所創事業之獲利性，即評估這個事業是否值得投資。此一企劃書還可當成說帖，給潛在股東看，以招募股東。

這類計畫書的主要目的是作為向外界籌資溝通的工具，因為幾乎所有的專業投資者與融資機構，都必須要看到一份具有吸引力的經營計畫書以後，才會展開相關的投資評估。由於投資家每天接收到的投資案源極多，不太可能花費太多時間來判斷每一項投資案是否具有吸引力。因此創業家需要提出一份，不多於三頁的簡報摘要，而且內容必須要能引發投資者的高度興趣（指的是投資家在搭電梯的時間內，即可完成閱讀這份資料，並能吸引他會回到辦公室後，就會立即打電話給你）。這類計畫書撰寫的重點包括：一、創業團隊的優勢背景；二、產品特性；三、市場規模與預期占有率；四、核心競爭優勢與創新經營模式；五、財務需求與預期投資報酬率；六、了解國外創投的重點指標。一份好的投資企劃書，對於創業成功顯得非常關鍵。因為對於投資者而言，一份理想的經營計畫書，具備下述三種功能：

一、縮短決策時間

一份理想的經營計畫書要能夠提供投資者評估時所需的資訊，使其能自眾多創業家所提出的經營計畫書中，進行有效率的篩選分析，迅速挑選出適合的投資案，以縮短在評估決策所需花費的時間。

二、清楚告知投資者有關事業經營與發展的過程與結果

投資計畫書必須要能夠明確指出，公司內部競爭優劣勢與外部機會威脅、公司的營運策略、可能遭遇到的問題、以及預期的經營結果。

三、提供投資者詳細的投資報酬分析

投資者最關心的是可獲得多少投資報酬以及如何回收投資資金，因此一份詳細的資金運用與財務分析報表，是投資者所迫切需要的。藉由提供充分的事業經營資訊與豐厚的投資報酬機會，滿足投資者在評估與投資決策上的資訊需求，以在最短時間內，籌集到所需的資金。一般而言，投資者最關心的，還是市場的規模有多大、消費者的需求是什麼、以及投資報酬與投資風險。

投資企劃書

內涵

① 事業經營的構想與策略
② 產品市場需求規模與成長潛力
③ 財務計畫
④ 投資回收年限
⑤ 提出對市場、財務分析的根據

重點

① 創業團隊的優勢背景
② 產品特性
③ 市場規模與預期占有率
④ 核心競爭優勢與創新經營模式
⑤ 財務需求與預期投資報酬率
⑥ 了解國外創投的重點指標

功能

① 縮短決策時間
② 經營發展的過程與結果
③ 詳細投資報酬率分析
④ 讓國外創投了解營運重點

Unit 3-2 創業企劃書

創業企劃書是整個創業過程的靈魂，在這份企劃書中，主要詳細記載一切創業的內容，包括創業的種類、資金規劃、階段目標、財務預估、行銷策略、可能風險評估、內部管理規劃……，在創業的過程中，這些都是不可或缺的元素。正式的書面計劃，可為新創公司樹立一個無價的、積極的發展目標。

一般來說，創業企劃書的敘述程序，主要是以下九個部分：

一、目標陳述：包括公司的發展目標，以及達到目標的方式。如想獲得資金，還需要多少資金，怎樣利用這筆資金，怎樣償還和如何償付投資者的紅利等。

二、公司經營範圍的描述：說明公司是做什麼的，有哪些特色新產品或服務。如果是創業初始，還應詳列創業費用和五年計畫。包括公司對財務、保險、安全措施、倉庫控制等紀錄的保障體系。

三、可行性分析：創業是很好的理想，需要勇氣與激情，但在競爭激烈的產業環境中，光靠熱情是無法保證成功的，當你找到讓自己心動的商業模式時，還要進一步進行可行性分析，評估它的市場夠大嗎？創業團隊能夠掌握關鍵技術與能力嗎？創業團隊能夠募集，足夠維持運作的資金嗎？如果有困難能夠克服嗎？

四、市場宣傳計畫部分：應說明公司的潛在客戶是哪些人，以及贏得這些客戶的方法。包括所有直接或間接的競爭對手及公司的競爭優勢。所有的促銷、價格、包裝、批發等，都應在計畫中詳述。再就是根據市場宣傳計畫、研究市場發展趨勢，以及如何讓公司走在市場的前端。

五、資金計畫：應說明公司目前已有的資金，以及公司實際需要的資金。剛創辦的公司，應有一個形式上的現金流動報表，並參照此表和年收入情況，制定一個三年收入計畫。創業資金運用上大致分為兩部分：

(一) 開辦費：包括裝潢費、租押金、設備器材費用、雜支等及「每月固定支出」。

(二) 周轉金：需要準備幾個月固定支出作為周轉金。周轉金的準備需要有六個月的緩衝期，避免因資金周轉不靈倒閉。建議自有資金要占總資本約五成以上，最理想是七成，以免因每月貸款利息壓力過高而失敗。

六、行銷策略：根據所要創業的類別，以及創業的地點與理想等，擬定達成目標勝算最高的行銷策略。

七、評估創業風險：創業沒有不冒風險的，重點在於如何管控風險。

八、內部管理規劃：內部管理規劃涉及到生產、行銷、人力資源制度、研發與創新，以及財務管理。

九、其他：包括創業的動機、股東名冊、預定員工人數、企業組織、管理制度以及未來展望……。

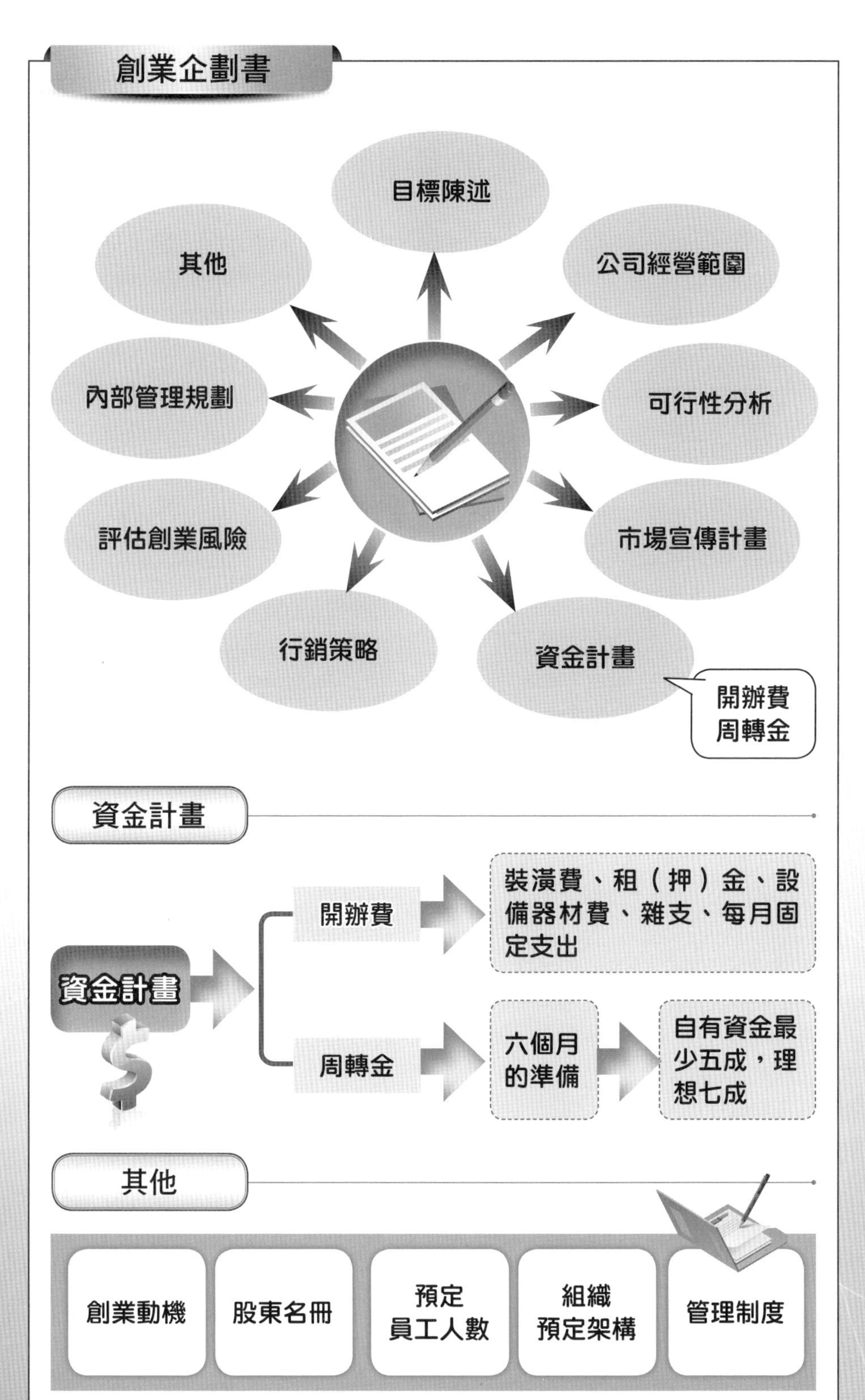
創業企劃書
目標陳述
其他
公司經營範圍
內部管理規劃
可行性分析
評估創業風險
市場宣傳計畫
行銷策略
資金計畫
開辦費
周轉金
資金計畫
資金計畫
開辦費
裝潢費、租（押）金、設備器材費、雜支、每月固定支出
周轉金
六個月的準備
自有資金最少五成，理想七成
其他
創業動機
股東名冊
預定
員工人數
組織
預定架構
管理制度

Unit 3-3 創業企劃書的原則

計畫是為了達成你所設定的目標。設定遠大的目標，固然可以彰顯你的企圖心，但是今天的創業，還必須要有充分的準備才能有效降低高昂的失敗風險代價。一份完整規劃的經營計畫書，正代表創業家對創業成功的強烈企圖與充分準備，也代表創業家對資金提供者的負責態度。撰寫創業企劃書的原則，可歸納為七大要點：

一、呈現競爭優勢與投資利基

經營計畫不僅要將資料完整陳列出來，更重要的是，整份計畫書要呈現出具體的競爭優勢，並明確指出投資者的利基所在。而且要顯示經營者創造利潤的強烈企圖，而不僅是追求企業發展而已。

二、呈現經營能力

要儘量展現經營團隊的事業經營能力與豐富的經驗背景，並顯示對於該產業、市場、產品、技術，以及未來營運策略，已有完全的準備。

三、市場導向

要認知利潤是來自於市場的需求，沒有依據明確的市場需求分析，所撰寫的經營計畫將會是空泛的。因此經營計畫應以市場導向的觀點來撰寫，並充分顯示對於市場現況掌握與未來發展預測的能力與具體成就。

四、一致性

整份經營計畫書前後基本假設或預估要相互呼應，也就是前後邏輯合理。例如財務預估必須要根據市場分析與技術分析所得的結果，方能進行做各種報表的規劃。

五、實際

一切數字要儘量客觀、實際，切勿憑主觀意願的估計。通常創業家容易高估市場潛量或報酬，而低估經營成本。在經營計畫書中，創業家應儘量陳列出客觀、可供參考的數據與文獻資料。

六、明確

要明確指出，企業的市場機會與競爭威脅，並儘量以具體資料佐證。同時分析可能的解決方法，而不是含糊交代而已。另外，要明確說明所採用的任何假設、財務預估方法、與會計方法，同時也應說明市場需求分析所依據的調查方法與事實證據。

七、完整

應完整含括事業經營的各功能要項，儘量提供投資者評估所需的各項資訊，並附上其他參考體的佐證資料。但內容用詞應以簡單明瞭為原則，切勿太專業繁瑣，對於非相關的資料勿將之陳列，以免過於冗長。

創業企劃書原則

在創業企劃書的部分，最常見的缺失是，缺乏所創新事業應有的社會責任行動。金管會自民國104年起，即強制要求化工、食品、金融保險，及資本額100億元以上的上市、上櫃公司，必須編製前一年度的企業社會責任(CSR)報告書，並須上傳至公開資訊觀測站，以供閱覽。

企業組織必須扛起的對外倫理，就是企業的社會責任。新創事業應採取的社會責任行動，大致可分為八類：

1. 在製造產品上的責任：著重安全、可信賴及高品質的產品；
2. 在行銷活動中的責任：如做誠實的廣告等；
3. 員工的教育訓練的責任：特別是在新技術發展完成時，應對員工的再訓練，來代替解僱員工；
4. 環境保護的責任：尤其應研發新技術，以減少環境的污染；
5. 良好的員工關係與福利：讓員工有工作滿足感等；
6. 提供平等僱用的機會：在僱用員工時，沒有性別歧視或種族歧視；
7. 員工之安全與健康：如提供員工舒適安全的工作環境等；
8. 慈善活動：如贊助教育、藝術、文化活動，或弱勢族群、社區發展計畫等等。

Unit 3-4 營運企劃書(一)

一、經營計畫概要

這部分主要說明資金需求的目的，並摘要說明整份計畫書的重點，目的是為創業者建構達成創業目標的藍圖。營運企劃書的主要內容如下：

1. 經營理念及策略。
2. 公司名稱與經營團隊介紹。
3. 申請融資的金額、形式、股權比例及價格。
4. 資金需求的時機與運用方式。
5. 未來融資需求及時機。
6. 總計畫成本與預算資本額。
7. 整份營運計畫書重點摘要。
8. 投資者可望獲得的投資報酬。

二、公司簡介

1. 公司成立時間、形式與創立者。
2. 公司股東結構，包括股東背景資料、股權結構。
3. 公司發展簡史。
4. 公司業務範圍。

三、組織與管理

1. 人力資源相關的戰略規劃：人力資源戰略規劃，包括各功能部門人才需求計畫、公司薪資結構、員工分紅與認股權利、招募培訓人才的計畫等。

2. 經營管理團隊學經歷背景資料、專長與經營理念。透過彼此的合作與搭配，企業的組織結構，以及未來組織結構的可能演變。

3. 制度：說明擁有的成功經營經驗，與優勢的組織管理能力。

四、主力產品

主力新產品是新創事業活力及新希望的來源。主力產品應說明：

1. 服務或產品之名稱。
2. 主要用途。
3. 功能。
4. 特點。
5. 現有（或潛在）客源。一般來說，客源主要的來源是透過：(1)舊有人脈資源。(2)客戶朋友介紹。(3)主動拜訪。(4)利用電子媒體宣導。

五、市場分析

重點在於說明服務或產品之市場所在，以及如何擴大客源、銷售方式、競銷優勢、市場潛力及未來展望。

營運企劃書內容(一)

營運主軸

1. 經營理念及策略
2. 公司名稱與團隊介紹
3. 融資的金額、形式申請
4. 資金需求的時機與運用
5. 未來融資需求及時機
6. 總計畫成本與預算資本額
7. 營運計畫書重點摘要
8. 可望獲得的投資報酬

公司簡介

1. 公司成立時間、形式
2. 公司股東結構
3. 公司發展簡史
4. 公司業務範圍

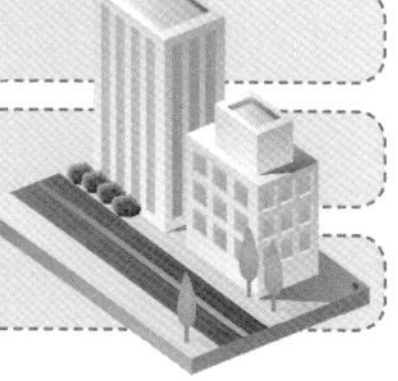

組織與管理

1. 人資戰略規劃
2. 經營團隊專長與經營理念
3. 制度與組織結構

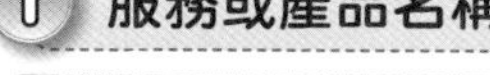

主力產品

1. 服務或產品名稱
2. 主要用途
3. 功能
4. 特點
5. 客源

舊有人脈
客戶朋友介紹
主動拜訪
利用電子媒體宣導

市場分析

Unit 3-5 營運企劃書(二)

六、產業環境與發展歷史

產業環境是不斷的變化，產品的發展階段（包括創意、原型、量產）、開發過程，是否已具有專利產品的功能、特性、附加價值，以及具有的競爭優勢公司產品，與其他競爭性產品的優劣勢比較。

七、市場分析

1. 明確界定產品的目標市場，包括銷售對象與銷售區域。
2. 市場需求與市場成長潛力。
3. 市場價格發展趨勢。
4. 公司銷售量、市場成長情形、市場占有率變化情形。
5. 主要市場顧客的特徵，以及該產品對顧客的具體利益與價值。
6. 說明市場上主要的競爭者，包括競爭者的市場占有率、銷售量、排名，彼此的優劣勢與績效、以及因應的競爭策略（包括價格、品質、或創新等）。若尚無競爭者，則分析未來可能的發展與競爭者出現的機率，說明其他替代性產品的情形，以及未來因新技術發明而威脅到現有產品的可能性與後果，並提出因應對策

八、行銷計畫

依據統計資料的分析，在競爭市場中新產品推出的成功率，大約只有5%。每個追求成功的企業都需要行銷，而關鍵在於行銷計畫。這份行銷計畫應說明現在與未來五年的行銷策略，包括銷售與促銷的方式、銷售網路的分布、產品定價策略、以及不同銷售量水準下的定價方法，說明銷售計畫與廣告的各項成本。

九、技術與研究發展

研發與創新的成果，乃是新創事業最根本的核心資源。

1. 說明產品研發與生產所需的技術來源，以及技術與生產團隊的專長與特質。
2. 說明技術特性與應用此技術所開發出來的產品，技術研究所具有的競爭優勢與利基，以及技術未來的發展趨勢。
3. 說明企業的技術發展戰術，包括短、中期計畫、技術部門的資源管理方式，以及持續保持優勢的策略。
4. 說明未來研究發展計畫，包括研究方向、資金需求、與預期成果。

營運企劃書內容(二)

產業環境與發展歷史

市場分析

1. 界定產品目標市場
2. 市場需求與市場成長潛力
3. 市場價格發展趨勢
4. 公司銷售量、市場變化
5. 主要顧客的特徵及對顧客具體利益
6. 說明主要競爭者

行銷計畫

技術與研究發展

1. 說明產品研發與生產所需的技術來源
2. 技術研究具有的競爭優勢
3. 技術發展戰術
4. 說明未來研究方向、資金需求

Unit 3-6 營運企劃書(三)

創業計畫書會因為需求對象的不同，而有不同的內容重點與撰寫方式，大致上可以區分為三種類型。第一類是為吸引投資家的注意，以簡報摘要為主軸；第二類是為滿足投資評估上的需求，稱之為評估用經營計畫書；第三類則是作為創業者事業發展規劃的自我參考藍圖，稱之為營運管理用經營計畫書。

根據經驗指出，許多高階主管與創業主在撰寫經營企劃書時常犯錯誤。最嚴重的就是過度強調學術化，不完整，不夠具體可行。許多創業主所撰寫的企劃書，比較像是學術的研究報告，這類過度強調學術化的企劃書，並不能保證可以被落實，而獲得想要的事業成績。這些分析對於如何切入市場、如何吸引更多客戶等實際作為幫助不大。

十、生產製造計畫

1. 說明建廠計畫，包括廠房地點、設計、以及所需時間與成本。
2. 說明製造流程與生產方法。
3. 說明物料需求結構，原料、零組件來源與成本管理。
4. 說明品質管制方法，包括良品率的假設。
5. 說明委託外製與外包管理情形。
6. 製造設備的需求，包括設備廠商與規格功能要求。
7. 產品各項固定成本與變動成本的說明，以及詳細生產成本的預估。
8. 生產計畫，包括自製率、開工率、人力需求等。

十一、財務預估

應包含資產負債表、損益表、現金流量表、銷貨收入、與銷貨成本預估表（包含銷售數量、價格與總成本、收入金額）；提供未來五年損益平衡分析（或敏感性分析）、投資報酬率預估；說明未來融資計畫，包括融資時機、金額與用途；若是成熟期公司，應附上公司股票公開上市、上櫃的可行性分析；說明投資者回收資金的可能方式、時機、以及獲利情形。

十二、財務計畫與投資報酬分析

一個有效的財務計畫，必須將年度的財務目標轉化成：1. 一個月必須達成多少客戶？2. 多少專案或多少營業額才能達全年的財務目標？

可達成的財務目標與成果標準才是決定企劃案成敗的關鍵因素。財務計畫應有的規劃涵蓋：1. 目前主要投資人；2. 投資金額；3. 比例；4. 資金來源與需求運用。

十三、償貸計畫

這部分並無規定的格式，但不能少的是預估損益表，說明貸款還款來源、債務履行方法。只要能依據預估損益表，說明貸款還款來源、債務履行方法，說明未來收入支出情形即可。重點是計畫的內容要具體可行、合理、能獲利。

營運企劃書內容(三)

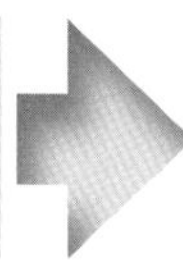

常見營運企劃書缺失

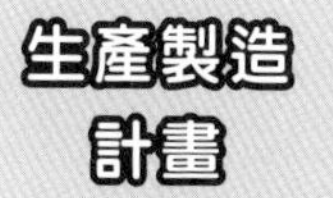

① 過度學術化
② 不完整
③ 不夠具體可行

生產製造計畫

① 廠房地點、設計、所需時間與成本
② 製造流程與生產方法
③ 物料結構，原料、零組件
④ 品質管制方法
⑤ 外包管理
⑥ 設備需求
⑦ 成本
⑧ 生產計畫

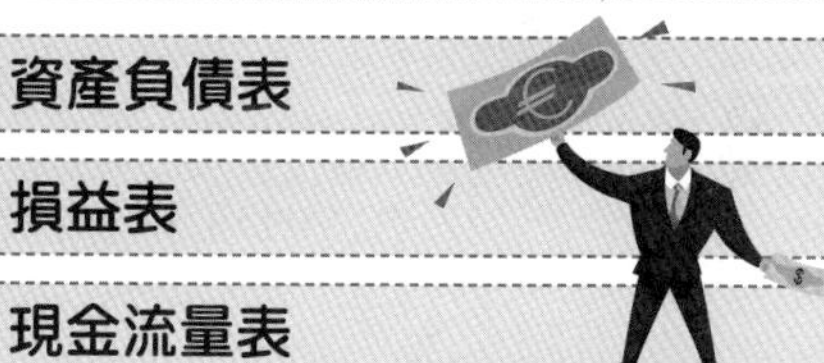

財務預估

① 資產負債表
② 損益表
③ 現金流量表
④ 銷貨收入與銷貨成本預估表
⑤ 未來五年損益平衡分析
⑥ 未來融資計畫
⑦ 上市、上櫃的可行性
⑧ 資金回收的可能方式、時機

財務計畫

① 目前主要投資人
② 投資金額
③ 投資比例
④ 資金來源與需求

Unit 3-7 營運企劃書(四)

十四、風險評估

新創事業可能面對的風險主要有三大類：一是任務風險，這是指產銷活動相關的消費者偏好等變動，所產生的風險。二是一般環境風險，如日本311大地震、泰國大洪水等。三是新創事業特有的風險。為什麼要列出可能的風險因素？主要是估計其嚴重性與發生的機率並提出解決方法。從事風險分析是為確認投資計畫隨附的風險，並以數據方式衡量風險，對投資計畫的影響，目的是向投資者說明風險的對應策略。

十五、結論

此部分不是要強調投資案可預期的遠大市場前景，以及對於投資者可能產出的顯著回報，乃在綜合前面的分析與計畫，說明並指出整個經營計畫的行動概要。

十六、證明資料

1. 附上能夠證實前述各項計畫的資料。
2. 附上詳細的製造流程與技術方面資料。
3. 附上各種參考體的佐證資料。
4. 附上創業家詳細經歷與自傳。

策略性營運企劃書，應該要達到以下的效益：

1. 集中有限的時間與資源，聚焦用於完成最可能達成的目標。
2. 知道如何分配資源。
3. 提出超越競爭對手的具體策略，使新創事業能形成競爭優勢。
4. 提出計畫與所有員工進行溝通，使每位員工清楚自己的責任與分工，為績效負起責任。
5. 追蹤努力的績效成果，並且在必要時根據實際情況，進行中途的修正。
6. 將企劃書加以修正，可成為重要的企劃書，用來向銀行、創投或其他投資者募集資金。

一份策略性經營企劃書，不可或缺的組成要素：1. 策略基礎；2. 優先任務；3.行動計畫。若是企劃書缺乏其中任何一項要素，都是造成經營企劃書不易執行的主要原因。營運企劃書應提出策略基礎(strategic foundation)，策略基礎包括以下幾項：

1. 提出新創事業的願景與具體目標。
2. 描述新創事業的目標客戶，以及他們目前及潛在的需求。
3. 從消費者的角度，界定新創事業的產品、服務的獨特賣點與競爭優勢。
4. 說明新創事業的市場與產品定位，以及能夠吸引目標客戶的行銷溝通訊息。
5. 列舉阻礙願景目標達成必須克服的障礙與瓶頸。

營運企劃書內容(四)

風險評估

任務風險

環境風險

新創事業特有的風險

結論

證明資料

營運企劃書的效益

- 集中有限資源，聚焦目標
- 知道如何分配資源
- 有具體策略可以超越競爭對手
- 使員工清楚責任與分工
- 必要時修正的依據
- 募集資金

營運計畫書須有策略為基礎，策略基礎包括

- 事業的願景與具體目標
- 目標客戶及潛在客戶的需求
- 產品與服務的獨特優點
- 市場與產品定位及能吸引人之行銷訊息
- 列舉須克服之障礙與瓶頸

Unit 3-8 股東投資協議書

要找到「夥伴」來合夥做生意，事先應該有一個書面的協議，寫明雙方應承擔的權利和義務。通常雙方應能為公司的發展，帶來不同的經營才幹、經驗或其他相關的優勢。在創業過程中，往往招朋喚友，但是在經營事業的過程，反目成仇的例子相當多，因此合資創業前，能將大家的權利義務規範清楚才能眾志成城。

1. 前言（合資經營）
2. 發起股東：股東名冊、持股比例、股金分配
3. 合資經營企業
   3.1. 公司基本資料（公司名稱、設立地址、公司性質）
   3.2. 生產經營目的、範圍
   3.3. 投資總額與註冊資本（包括所有股東持股比例）
4. 公司之組織
   4.1. 股東大會與董事會（包括董事長、董事之選舉）
   4.2. 經營管理機構
   4.3. 監察人之設立
5. 經營管理
   5.1. 勞動管理 （經理人選擇之條件與勞動契約）
   5.2. 稅務、財務、審計管理
   5.3. 股東之特別義務
   5.4. 執行業務股東酬勞、利潤分配或虧損補償
   5.5. 企業經營終止財產處理
6. 爭議的解決（仲裁途徑及仲裁機關之選擇）
7. 適用法律（特別是有關於跨國投資之案件）

根據《Smart智富》月刊跟104創業網，合作調查的結果顯示，在901位有意願創業的樣本中，56.8%的人會採取合夥創業模式。而實際合夥創業者也有高達54.2%已經拆夥或瀕臨拆夥。廖昭昌擔任創業顧問十多年，見過數百個中小企業合夥創業的例子，「成功的案例不到3個。」他比比手指頭說，顯示合夥創業的路有多艱難。

合夥創業的原因，有兩大類：一種是朋友有共同興趣，大家合起來做看看，然而共同的興趣，不代表有共同的價值觀，甚至這種型態也會因為分工不清，無法發揮1＋1＞2的效用，所以失敗機率很高！另一種則源自於資源缺乏，譬如：資金不夠、專業互補或特殊人脈考量……，才需要一群人結合在一起。雖然這比較能發揮合夥的功效，但是一開始的互補條件，也會隨著環境改變而消失。譬如：一個原來只懂產品研發的工程師，經過兩年後，多少也懂一點市場。當他開始對業務開發有想法時，就會跟原來負責業務開發的合夥人，產生緊張關係。

股東投資協議書

一　前言

二　發起股東

三　合資經營企業
- 公司基本資料
- 生產經營目的、範圍
- 投資總額＆註冊資本

四　公司組織
- 股東大會＆董事會
- 經營管理機構
- 監察人之設立

五　經營管理
- 勞動管理
- 稅務、財務、審計管理
- 股東特別義務
- 執行業務股東酬勞、利潤分配
- 企業經營終止財產處理

六　爭議的解決

七　適用法律

E
S

第4章

新創事業的管理

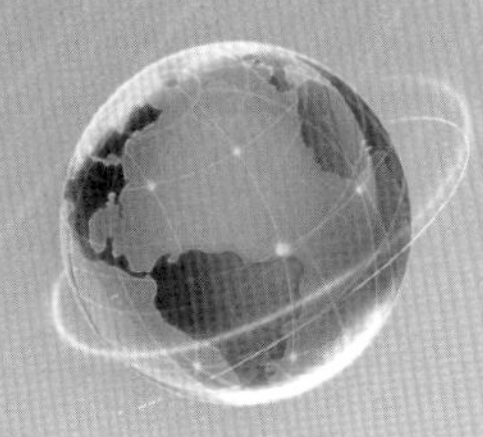

章節體系架構 

Unit 4-1 創業展店前應有的預備

創業展店基本可分為自營及加盟。決定透過展店進行創業時，創業者應有的努力，涵蓋以下七項：

一、擁有必要技能

大多數的行業在開一家自己的店之前，都會先去別人的店裡面磨練，學習必要的技能與觀念，等有了一定的程度，再出來自力更生。譬如，開一家自己的壽司店，第一步通常是先到一家厲害的壽司店當學徒，等把醋飯、生魚、捏壽司、切蘿蔔絲、煮味噌湯、觀察客人的表情、記住常客的喜好等等，各種壽司師父必須有的能力練得差不多了，然後再出來開自己的壽司店。如果是當一個開業的醫生，除了念醫科、考醫師執照之外，通常還要去醫院實習、當住院醫生，跟著很厲害的主治醫師學習，等到把看診、問診、開藥、開刀、觀察病人的反應、與病人交談、記住病人的特殊狀況等必須有的能力練得差不多了，再出來開自己的小診所。

二、設計具創意、好記的店名稱

擁有創意好記，且有故事性的名稱，對爾後行銷起決定性作用。同時，要考慮這樣的店名，是否能夠與目標客戶年齡層、品牌調性、文化、創意等因素結合。

三、產品價格區間的規劃

很多創業者希望在一間門市裡，販售眾多產品，從低價到高價都想通吃，這往往讓高消費族群卻步，卻又讓低消費族群覺得貴。建議產品特色及價格區間帶應先設定好，這樣日後設計品牌調性時才會更精準，也會增進消費者喜愛這個品牌。

四、設計烙印人心的Logo

商標設計在臺灣，一直很受重視。只是設計一個Logo，不是隨便一個圖案而已，是一個重要的印記，深深烙印在人們心中，可千萬不能馬虎。

五、品牌定位與品牌Slogan

品牌定位(position)與調性(tone)，需透過多次的討論與研究，找到獨特的概念(concept)，結合故事性與文化，發展設計出適當具創意的視覺呈現。品牌定位把形象範圍縮小，有了聚焦的重點，設計的識別，就更獨特，更有品牌獨特的風格，亦能與競爭對手差異化，不易混淆。

六、門市外觀形象設計

外觀形象需結合產品的行銷，把產品特色完整傳達，融合品牌故事與特點，讓人經過就引起話題。以餐飲業來說，非常需要整體外觀設計，招牌的設計是個重點，點亮外觀形象，色調的搭配，招牌不是字越大越好，適當的留白反而更引人注目。

七、重視動線規劃／視覺傳達

店內空間氣氛的營造，是品牌打造很重要的過程，同時也不要忽略設計的空間感及動線規劃。有獨特的品牌識別CIS，結合室內空間設計，搭配產品專業的呈現，三者缺一不可，如此才能打造特色獨具的品牌。

創業展店

加盟

創業者在展店前應有的努力

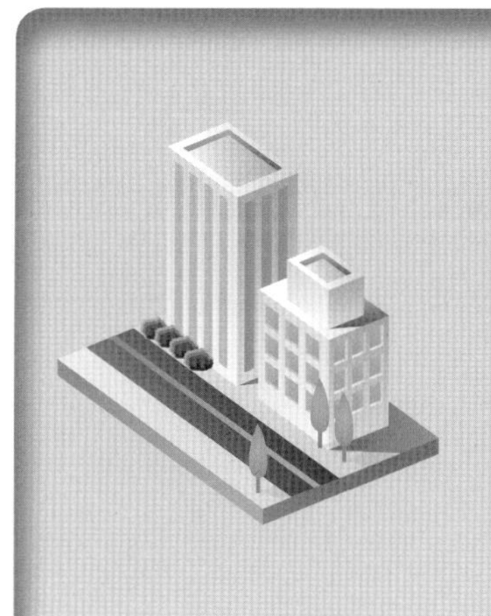

1. 擁有相關必要技能
2. 具創意及好記的店名
3. 產品價格區間規劃
4. 烙印人心的Logo
5. 品牌定位與品牌口號
6. 門市外觀造形之設計
7. 動線規劃及視覺傳達

知名設計師David Airey的設計祕訣：

1. Keep it simple. 儘量簡單。
2. Make it relevant. 增加關聯性。
3. Incorporate tradition. 融入傳統。
4. Aim for distinction. 獨樹一幟。
5. Commit to memory. 過目不忘。
6. Think small. 往小處想。
7. Focus on one thing. 聚焦於單一事物。

Unit 4-2 商業模式(一)

商業模式一般而言，指的是一個事業創造營收與利潤的手段與方法。台積電董事長張忠謀先生指出，商業模式為「公司處理其與客戶和供應商事務的方式」。《獲利世代》(*Business Model Generation*)的作者 Alexander Osterwalder 說，商業模式是「描述一個組織如何創造、傳遞及獲取價值的手段與方法」。

基本上，商業模式是將九個要素系統化地組織起來，聚焦在市場需求，達到企業獲利目標。以下是九個要素的說明：

一、目標客層(Customer Segments, CS)：企業或組織所要服務的，一個或數個客群，也就是顧客的選擇。常見顧客區隔的類型：大眾市場(Mass Market)、利基市場(Niche Market)、區隔化市場(Segmented)、多元化市場(Diversified)、多邊平臺或多邊市場(Multi-sided platforms/multi-sided markets)。

二、價值主張(Value Propositions, VP)：以種種價值主張，解決顧客的問題，滿足顧客的需要。因此新創事業必須考慮，該向客戶傳遞什麼樣的價值？正在幫助我們的客戶，解決那一類型的問題？新創事業正在滿足，那些客戶需求？正在提供給顧客區隔那些系列的產品和服務？

三、通路(Channels, CH)：價值主張透過溝通、配送及銷售通路，傳遞給顧客。

四、顧客關係(Customer Relationships, CR)：跟每個目標客層都要建立並維繫不同的顧客關係。

五、收益流(Revenue Streams, RS)：成功地將價值主張提供給客戶後，就會取得收益流。簡單的說，就是要考慮到如何提供給員工與顧客的效用，以增加回流率與員工向心力。

六、關鍵資源(Key Resources, KR)：想要提供及傳遞前述的各項元素，所需要的資產就是關鍵資源。

七、關鍵活動(Key Activities, KA)：運用關鍵資源所要執行的一些活動，就是關鍵活動。為了確保商業模式可行，新創事業必須思考，最重要的事情有那些？新創事業的價值主張，需要那些關鍵業務？新創事業的通路，需要那些關鍵業務？新創事業的客戶關係呢？營收模式呢？

八、關鍵合作夥伴(Key Partnership, KP)：有些活動要借重外部資源，而有些資源是由組織外取得，好將產品與服務推展至新市場，以利新創事業達到永續經營的目標。因此在商業模式中，要考慮到誰才是我們的重要夥伴？誰是我們重要的供應商？我們正在從夥伴那裡獲取那些核心資源？合作夥伴都執行那些關鍵活動？

九、成本結構(Cost Structure, CS)：各個商業模式的元素，都會形塑你的成本結構。什麼是新創事業的商業模式中最重要的固有成本？那些核心資源花費最多？那些關鍵活動花費最多？換言之，即是一個商業模式所引發的所有成本。

商業模式

- 模式 1 → 目標客層
  - 大眾市場
  - 利基市場
  - 區隔化市場
  - 多元化市場
  - 多邊市場
- 模式 2 → 價值主張
- 模式 3 → 通路

- 模式 4 → 顧客關係

- 模式 5 → 收益流

- 模式 6 → 關鍵資源

- 模式 7 → 關鍵活動
- 模式 8 → 關鍵合作夥伴

- 模式 9 → 成本結構

Unit 4-3 商業模式(二)

完整的商業模式設計，須從三方面考量，一是「企業內部」；二是「合作夥伴」；三是「商業生態」。新創事業可以從以下的基本商業模式加以變化運用。

一、簡單售物模式：透過製造、研發商品或提供服務給消費者，藉以換取相對等的報酬。這種商業模式的最大成功要件，是商品或服務本身具有吸引力，比同類型商品更優越。如果商品本身有競爭力，就可以降低價格競爭的風險。就算金錢流向只有一條，也可以成立商業模式。

二、賣場模式：這是一種自己不生產商品，只靠進貨售貨的商業模式。百貨公司或超級市場、超商、網路販售，都屬於這種模式。雖然這種商業模式從以前就有，但是也有像亞馬遜這種靠賣場模式而大獲成功、持續拓展經營領域的企業。所以雖然是個舊型商業模式，卻絕對不能小看它。

三、付費差異模式：這是一種透過付費差異模式所建構的商業模式。譬如，某一群免費、另一群付費；兒童入場免費，父母收費；女性免費，男性付費；基本免費，進階收費；初期體驗免費，續用收費；主產品免費獲超低價，耗材或補充品正常收費。

四、總計模式：總計模式是「先準備某種吸引顧客的商品」，目的是讓顧客「順便買其他商品」的模式。譬如，旅行社先是壓低價格來攬客，藉由促使團員參加自費行程，來提高金額「總量」以確保自己的收入。

五、消耗品模式：消耗品模式是一種降低商品購買成本，靠著讓消費者持續購買附屬的消耗品與維修，慢慢提高獲利的一種模式。消耗品和維修服務，必須長時間持續提供，比如墨水匣或電動牙刷的替換刷頭等商品，就都必須確保販售通路，才能讓顧客容易購買。

六、持續模式：這是一種持續使用商品，確保一定銷售的商業模式。譬如，電信服務業不斷收取手機的基本使用費。以「宜家家居(IKEA)」為例，三十多年前，小董事建言給大董事，指出如果家具要增加顧客回流率，就不該把家具再歸屬於耐久財，應該改歸類成耗材，要讓顧客可以常常來消費，也因為要符合常被光顧的特性，產品定價應隨之降價。

七、仲介模式：這是一種提供商品、服務，和使用者進行仲介關係的商業模式。不動產業者就是好例子，所提供的是一個交流的「場地」，向租賃者與承租者雙方（或單方）收取酬勞以確保自己的收入。這種模式的優點在於沒有庫存風險。

目前企業之間的競爭，已不再是簡單的產品層級的競爭，而是商業模式的競爭。企業必須根據自身的資源與稟賦、結合外部環境，選擇一個適合自身發展的商業模式，並且隨著客觀環境的變化，不斷加以創新，獲得持續的競爭優勢與核心競爭力。

商業模式須考量

企業內部

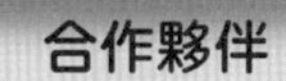

合作夥伴

商業生態

商業模式

1. 簡單售物模式

2. 賣場模式

3. 付費差異模式

4. 總計模式

5. 消耗品模式

6. 持續模式

7. 仲介模式

Unit 4-4 新創事業之行銷

新創事業若不行銷，有誰會知道它的存在？行銷的主要目的在於提供產品或服務以滿足顧客的需要，並因此獲得利潤以支持企業的生存及發展，故行銷是企業的主要收入泉源，也最直接攸關企業的盈虧與成敗。然而行銷並不只是銷售，還包括市場與競爭環境的分析、行銷計畫的擬訂、以及行銷過程與結果的控制。本單元的目標，在探討以幫助新創事業的業主掌握關鍵的行銷活動。

一、了解市場與行銷意涵：分析市場及定位產品（包括市場區隔、目標市場選擇及產品定位，亦即"STP"）；了解競爭環境與本身優劣勢（包括優勢、劣勢、機會及威脅分析，亦即"SWOT"分析；也包含對產業內競爭者、潛在加入者、購買者、供應商、及替代品的分析，亦即「五力分析」）；擬訂行銷計畫（包括產品、定價、通路及推廣策略，亦即"4Ps"）；從事銷售預測與新產品上市準備、設計及執行行銷控制。

二、規劃目標客群：建立社群行銷前，必須要先確定好自己的目標客群，例如部分財經周刊導向是期待吸引對人生、自我資產等有規劃的讀者，在粉絲團上發送的文章，就會偏重人生經驗分享或是可掛在口中小語錄，吸引目標客群前往查看。

三、善用網路科技：異奇科技總經理胡迪生創業八年（2005年創業），一開始就透過Google的網路行銷，因而找到全球軍用武器、能源商客戶，創造年營收成長100%佳績。目前異奇已有上百個客戶，7成來自北美、歐洲，每年創造營收數千萬元，毛利率也高達30%至50%。

四、善用社群行銷軟體：搭上智慧型手機、平板電腦風潮，社群程式當紅，善用這些社群軟體，例如建立粉絲團，並確定好品牌定位、粉絲團發展目標，例如設定3個月到半年，幫自己的粉絲團找到社群定位，一年後看到成效。粉絲團最重要的目的，是要建立品牌知名度並兼具客服角色，因此必須要定時更新，例如一天固定更新兩次提供有用但與自家產品有關的生活資訊，與留言的網路顧客互動，並定時提供誘因以建立與顧客之間的親密感，最終目的是要讓產品留在消費者心中，形象越來越深刻。通常使用這類社群軟體，與電視或報章雜誌下廣告不同，成本相對低廉，因此更值得期待。

五、持續的行銷曝光：新創事業在打造品牌的過程，在擁有好的識別，好的產品特色後，仍須不斷的與消費者互動，引發口碑行銷。持續的研發新品、創造話題，消費者會了解到品牌自身的用心，公司亦須成立品牌維護小組，維持品牌商品形象與個性，更須不斷了解現有顧客的心聲、潛在顧客的需求，調整行銷活動與策略，才能讓品牌持續發光發熱。品牌的打造，一切的過程，都是一種資產，包含企業識別CIS、在企業內的人員提供的服務、銷售的產品，對社會的貢獻、品牌的調性等等，都是消費者的體驗，由體驗轉化好感度進化成忠誠度，一步一腳印的提升整體競爭力。

新創事業之行銷

了解市場及行銷意涵

1. 了解市場並定位產品
2. 了解競爭環境及本身優劣勢
3. 擬訂行銷計畫
4. 銷售預測及新產品上市準備
5. 設計及執行行銷控制

規劃目標客群

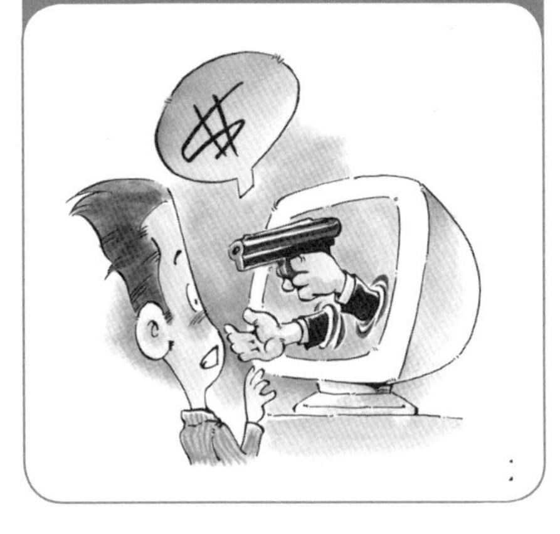

善用網路科技

善用社群行銷軟體

持續的行銷曝光

Unit 4-5 新創事業之人力資源管理

當創業的總體戰略明確之後，能否按照擬定的方向運行，最重要的因素莫過於人力資源管理因素。因為人力資源是企業系統中，最難協同而又貫穿於經營過程，始終並控制每一個環節的系統構成。因此，構建基於戰略的企業人力資源管理體系是創業成功發展的關鍵，也是人力資源管理充分發揮作用的必要條件。提供高質量的產品和服務，需要企業員工的努力。所以，人力資源是企業獲取競爭優勢的首要資源，而競爭優勢正是企業戰略得以實現的保證。另一方面，創業要獲取戰略上的成功要素，如研發能力、營銷能力、生產能力、財務管理能力等，最終都要落實到人力資源上。因此，在整個戰略的實現過程中，人力資源的位置是最重要的。

在創業早期，創業公司最頭疼的問題，應該就是招聘了。因為在這個階段，公司沒有知名度，資源非常有限，甚至產品可能還在研發階段，有競爭力的薪資，往往只是個口號！人力資源規劃是指根據企業的發展規劃，通過企業未來的人力資源的需要和供給狀況的分析及估計、對職務編制、人員配置、教育培訓、人力資源管理政策、招聘和選擇等內容，進行的人力資源部門的職能性計畫。它可以控制人工成本，確保組織在生存發展過程中，對人力的需求是完全可以配合，這將有助於激勵員工，引導員工職業生涯設計和職業生涯發展。

一、「招募」的重要性

「招募」是公司營運中最重要的事，可以說是往後營運、解決問題、產品競爭力、公司是否成功等等事情上的關鍵，什麼是「對」的人？「錯」的人，簡單來說「對」的人會讓你輕鬆很多，而一個「錯」的人，保證創業者提心吊膽。

二、規劃人力資源議題

包括：1. 人與生產力之間的關係；2. 生產力的衡量與監控；3. 員工的僱用程序；4. 職位技能；5. 工作說明書；6. 員工激勵；7. 工作保障與職場安全；以及8. 問題員工的預防與處理。

三、員工需求調查

剛成立的公司，規劃僱用員工需求調查，看起來似乎沒有用處，但要記住的是，這是在為將來人事政策打基礎，因為這些在公司成長時，至關重要。尤其在創業初期，根本無法養活無用之人，因此，在你開始招募員工之前，先花時間弄清楚，新創事業到底需要什麼樣的員工。首先對這些員工，要先了解職位的需求；需要的體力／腦力任務（判斷、規劃、清潔、抬重和焊接）；完成工作的方法（使用的方法和設備）；該職位存在的原因（工作目標闡述、該職位與公司其他職位相聯繫的方式）；需要的資質（訓練、知識、技能和性格特徵）。

規劃人力資源議題

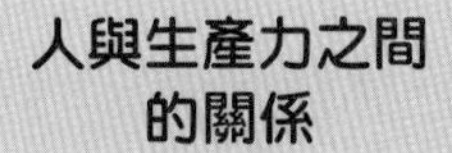

- 人與生產力之間的關係
- 生產力的衡量與監控
- 員工的僱用程序
- 職位技能
- 工作說明書
- 員工激勵
- 工作保障與職場安全
- 問題員工的預防與處理

（中心：規劃人力資源議題）

員工需求調查

（中心：員工需求調查）

先了解職位的需求

需要的體力／腦力任務

完成工作的方法

職位存在的原因

需要的資質

Unit 4-6 新創事業之組織結構

新創事業為了追求利潤，努力將社會中，未被充分利用的財力、物力、人力、科技等，進行有效結合，以提供新的價值。顯然內部需要有組織結構，將其整合為產品或服務。以下是企業常見的組織結構。

一、簡單式結構(simple structure)：它的特點是企業各級行政單位，從上到下實行垂直領導，下屬部門只接受一個上級的指令，各級主管負責人對所屬單位的一切問題負責。直線制組織結構的優點是：結構比較簡單、責任分明、命令統一。因此，直線制只適用於新創事業初期，規模較小，生產技術比較簡單的企業。缺點是：它要求行政負責人通曉多種知識和技能，親自處理各種業務。新創事業一旦業務比較複雜、企業規模比較大的情況下，把所有管理職能都集中到最高主管一人身上，顯然是難以勝任的。

二、功能式組織結構(functional structure)：指組織中，每一個部門的活動，都只能完成整個系統的一個步驟，如財務、研發、行銷、與工程，都只完成它那一部分，然後再由整個系統，完成最終的產品。缺點：缺乏追求最高利益的洞察力、沒有人為最終的結果負責，見樹不見林。

三、事業部式組織結構：針對大規模且有多項產品時所設計的組織。事業部在最高決策層的授權下，享有一定的投資許可權與較大的經營自主權。優點：專注在特定目標與結果(results)上，權責清楚明確；缺點則是活動和資源多有重複的現象。

四、矩陣式組織結構：矩陣式組織是整合了功能別與產品別二種部門化方式，而產生雙指揮線的組織結構，所以它同時有兩條指揮鏈（功能線與專案線）。這種組織結構常出現的缺點是參加項目的人員，都來自不同部門，隸屬關係仍在原單位，負責人對他們管理困難，又沒有足夠的激勵與懲治手段。同時會出現員工該向那位主管報告的迷惑，且容易種下權力鬥爭的種子。儘管如此，這種組織具高效率、高品質、創新，及快速回應消費者需求，並能促進複雜且獨立專案間彼此的協調，同時維持功能式專家集中的經濟規模。

五、團隊式結構(team-based structure)：具有特定時間需求和績效標準的工作，同時工作又是複雜的，所以需要不同功能部門人員專業的技術與知識。

六、無界線組織：在全球化競爭的時代，有一種非常特別的組織興起，那就是無界線的組織，或稱為虛擬團隊。現代組織正在向著組織層級減少、扁平化和開放化的方向發展，以團隊合作為基礎的組織和管理形式正在興起。虛擬團隊最大的缺點是虛擬團隊成員間缺乏直接的接觸，甚至處在不同時區，「溝通」成了其最大的障礙，其他問題如信賴感與承諾度低、管理者難以評估團隊成員績效。

組織結構

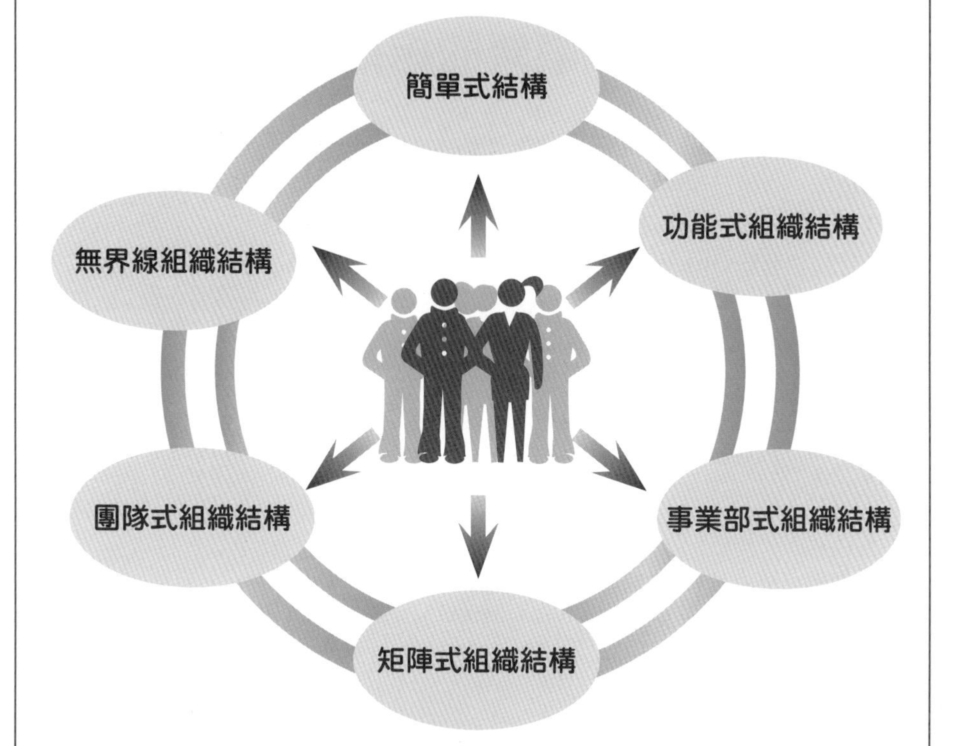

不當的組織結構設計

不當的組織結構設計，必然削弱組織的戰力。其中最常見的三種不當組織結構，一是疊床架屋、浪費資源的組織結構；二是阻礙創新與組織學習的組織結構；三是環境已變，但組織結構仍不動如山，結果使組織應變能力減弱，在面臨危機時，卻無力回應。為避免這種情形出現，就應該在組織成立時，重視並遵循組織設計的原則。

Unit 4-7 建立新創事業的組織結構

組織結構(Organizational Structure)是由各種不同功能部門，以特定方式組成的一個有機體。這個有機體是有目標的，為達成這個目標，就必須進行分工、分組和協調合作，同時也要表明組織各部分排列順序、空間位置、聚散狀態、聯繫方式，以及各要素之間相互關係的一種模式。所以新創事業的組織結構是，整個管理系統的「框架」，也是組織的全體成員為實現組織目標，在管理工作中進行分工合作，在職務範圍、責任、權利方面，所形成的結構體系。組織結構是幫助管理者達成目標的手段。

有效的組織結構設計，主要的步驟是：

1. 確定組織目標，劃分完成目標之業務計畫範圍、內容。
2. 從事部門劃分(Departmentalization)。
3. 設計協調方式。
4. 決定控制幅度(Span of Control)之大小。
5. 界定各階層權責關係與權責範圍（或授權程度）。
6. 建立組織結構圖(Organization Chart or Organization Structure)。

新創事業的組織結構與企業戰略之間的關係是，前者服從於後者。企業戰略的變革，會導致組織機構的改變。當企業改變戰略時，其現行結構有可能變得無效。這時就要求調整現有的組織結構，使其服從於戰略的需要。一般來說，組織設計牽涉到六個關鍵因素，一是專業化，二是部門化，三是指揮鏈，四是控制幅度，五是集權與分權，六是正式化或制式化。

剖析組織結構的角度最常用的三個構面：一是複雜化程度(complexity)，它涉及水平分化，也就是專業化的程度；二是正式化程度(formalization)，觀察的是組織是否有正式的規章制度，來規範組織作業與員工行為的程度；三是集權化程度(centralization)，觀察的是組織中決策權的主要位置所在。

組織結構在設立時，應符合以下九大原則：1. 組織目標；2. 明確職能；3. 集中原則；4. 階層清晰；5. 指揮系統；6. 稽核系統；7. 溝通系統；8. 彈性空間；9. 不浮濫。

具體來說，組織結構與戰略的主從關係，主要表現在以下四個方面：

第一，管理者的戰略，選擇規範組織結構的形式。

第二，只有使結構與戰略相匹配，才能成功地實現企業的目標。

第三，與戰略不相適應的組織結構，將會成為限制、阻礙戰略發揮其應有作用的巨大力量。

第四，一個企業如果在組織結構上，沒有重大的改變，則很少能在實質上，改變當前的戰略。

組織設計

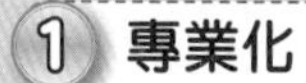

組織設計

① 專業化

② 部門化

③ 指揮鏈

④ 控制幅度

⑤ 集權與分權

⑥ 正式化或制度化

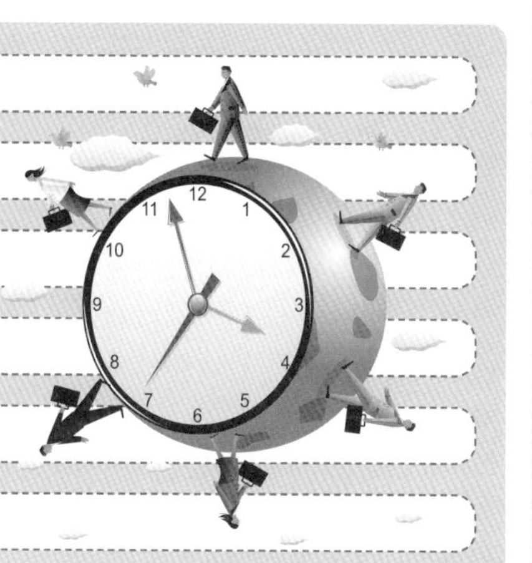

組織結構設立原則

組織目標

明確職能

集中原則

階層清晰

指揮系統

稽核系統

溝通系統

彈性空間

不浮濫

Unit 4-8 新創事業為何一開始就要重視品質管理？

新創事業的產品或服務，如果沒有注意到品質管理，輕則重創商譽，重則將被市場淘汰。最著名應該就是2000年6月爆發的，日本雪印牛乳中毒事件。這事情的起因，位於北海道的牛乳工廠，知名的食品大廠——雪印公司。因停電3個小時，但是工廠在復電後，重新啟動生產線時，卻沒有將因停電而感染葡萄球菌的生乳加以廢棄，反而逕自製造成低脂牛乳對外販售，這造成日本1萬5,000人中毒，是日本戰後以來，最大規模的食物中毒事件。創業是一個複雜的、非線性的過程，具有較大的不確定性，因此需全面性的周嚴管理。

一、究竟什麼叫品質(Quality)？綜合各方重要的研究，提出以下較具代表性者。

1. Deming：品質是由顧客來衡量，是要滿足顧客需求，讓顧客滿意的。

2. Juran (1974) ：品質是符合使用，是由使用者來評價的。

3. Crosby (1979) ：品質是符合於要求的。

4. Shetty & Ross (1985) ：品質是商品或服務能滿足顧客需求之能力。

5. Culp, Smith & Abbott (1993) ：品質是由做對事情及準時第一次就做好之結果，於是能滿足顧客之期望與需要。

6. 日本工業標準 (JIS Z8101) ：品質是所有特性的全部，包括決定商品或服務是否能滿足使用者之目的的績效。

7. ISO 9000：品質是商品或服務之所有具有能滿足明確的（或隱含的）需要之能力的特性、特質的全部。

二、品質管理：設定品質規格並講求實現的所有手段的總合。品質管理可以使品質成本，由20%降至2.5%，品質成本包含：1. 預防成本、2. 鑑定成本、3. 內在成本、4. 外在成本。透過品質管理活動，雖然增加了預防性支出，但是可以減少檢測等鑑定費用，與相關失效改善之內外支出，即產品於設計階段將可靠度設計植入(Design in)是必要且有利於企業經營。

現代經營管理中「品質」概念，已經發展成為一種功能品質，而且已擴展到產品的價格、包裝、設計、交貨期及售後服務等。近幾年來消費者對於品質管理，有越來越重視品質管理的趨向，所以啟動全面品質管理。但實際上品質管理的階段非常的早，從1900年開始，品質管制每20年就有一次進化。

第一階段：從手工藝之製造到1900年以前是屬於操作員的品管時代。

第二階段：1900年初期到1920年左右是屬於領班的品管時代。

第三階段：1920年到1940年左右是統計品管的時代。

第四階段：1940年到1960年左右是品質保證的時代。

第五階段：1960年到1980年左右是全面品質管制(TQC)之時代。

第六階段：自1980年以後是全面品質管理(TQM)的時代。

品質定義

Deming	由顧客衡量，要滿足顧客需求
Juran	由顧客評價，要符合使用
Crosby	由顧客評價，要符合要求
Shetty & Ross	商品或服務，能滿足顧客需求之能力
Culp, Smith & Abbott	由做對事情及準時第一次就做好之結果
日本工業標準	所有特性的全部，能滿足使用者之目的的績效
ISO 9000	商品或服務具有能滿足明確的或隱含的需要之能力的特性、特質全部

品質成本

預防成本

鑑定成本

內在成本

外在成本

品質管理的演進

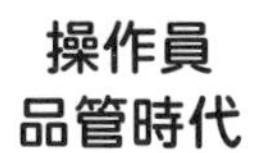

領班品管時代

品質保證時代

全面品質管理(TQM)之時代

第一階段　第二階段　第三階段　第四階段　第五階段　第六階段

操作員品管時代

統計品管時代

全面品質管制(TQC)之時代

Unit 4-9 全面品質管理

全面品質管理係由美國管理大師W. E. Deming、J. M. Juran、P .B. Crosby等人經過不斷的修正、創新與推廣，目前廣受工商業界的青睞，成為一股創造競爭力的動力。全面品質管理是強調「品質文化」的建立，組織系統中的所有人員，均應對品質有所意識，由上而下對品質有所承諾，而在系統中形成品質的文化。全面品質管理的基本概念如下：

一、顧客導向：顧客至上、以客為尊是全面品質管理的首要任務。由於品質的良窳，顧客最容易感受到，因此，顧客應是品質的最後決定者，亦即組織必須致力於滿足並超越顧客的需求和期望，不斷地加強與顧客進行溝通與聯繫，主動蒐集資訊以了解顧客實際需求，並將相關意見轉化成產品的詳細特徵。

二、事先預防：全面品質管理重視「事前預防」，而非「事後檢測」，認為品質應是可管理出來的。對於產品製造過程中可能發生變異的關鍵點，均須加以列管、控制，要求組織的各部門對各項事務的實施程序，都應有清楚的認定；使變異尚未發生之前，即能早期發現並儘速予以改善調整，而非一味地事後檢測缺失，以有效提升產品品質，並可避免產生瑕疵品或錯誤，而在重做或延誤過程中增加製造成本。

三、全面參與：全面品質管理強調品質，不單僅是品管部門的責任，而是需要組織成員及部門全面參與品質的改進與提升，全員都負有品管的責任。因此，品質的提升須靠團體的合作，而非個人英雄式色彩的競爭行為，唯有在全員通力合作，彼此信賴負責的前提下，以小組合作式的參與，才能創造更高並符合需求的品質。

四、教育訓練：教育訓練是採用人事心理學的觀點，強調在組織中要發展個人潛能，重視員工的在職進修與訓練。全面品質管理非常重視組織成員的在職訓練，Deming(1986)指出，必須訓練成員，否則再好的機器設備，也無法達到預期的效果，反而是一種浪費。因此，教育訓練是激勵組織邁向全面品質管理的重要因素，必須安排各種教育訓練計畫，讓成員持續地接受在職訓練，以提升成員的專業知識與技術，協助了解組織任務、目標與發展方向，並增進問題解決與工作執行能力。學校應鼓勵教師不斷自我學習與創新，支持教師研究新教育理念和方法，並提供一套完整的進修計畫，提升教師專業能力與知識。

五、持續改進：Deming(1986)曾強調：不斷地改進生產與服務系統，進而改善品質與生產力，如此才能不斷地降低成本。因此，全面品質管理強調的是「過程導向」而非「產品導向」。組織必須不斷地改進缺失，突破現狀，採創新且永不休止改進的手段，在產品上革新求進步，才能提升產品與服務的品質。學校必須永無止境地改進缺失，才能維持教育品質不墜，並應檢視教育過程中有那些作法是不完善的，以及追蹤各項工作執行進度，以研訂改進措施，確實做好每一項教育過程的品質保證。

六、事實管理：數字可呈現具體的經營績效，領導人就不會亂做決策，管理階層表現好壞也一目了然。

全面品質管理概念

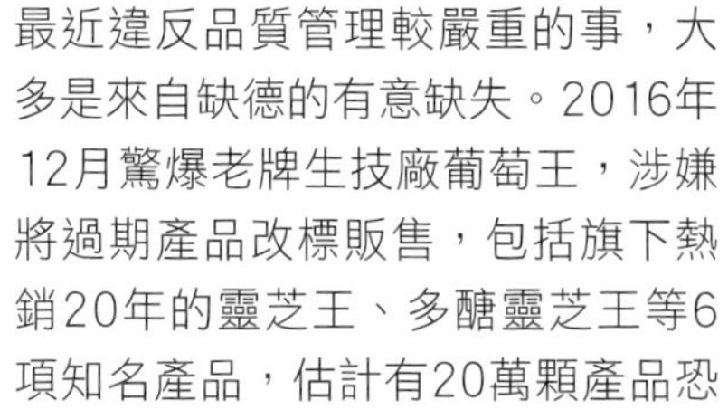

最近違反品質管理較嚴重的事，大多是來自缺德的有意缺失。2016年12月驚爆老牌生技廠葡萄王，涉嫌將過期產品改標販售，包括旗下熱銷20年的靈芝王、多醣靈芝王等6項知名產品，估計有20萬顆產品恐被消費者吃下肚。據《鏡周刊》報導取得葡萄王集團內部文件「成品報廢報表」，顯示包括2012年底葡萄王就回收靈芝王、樟芝王等91項報廢產品，至少有靈芝王、多醣靈芝王、Q10納麴E、晶識王、UA-3美纖菌。

Unit 4-10 紓解創業壓力

在創業的過程中，創業者所承受的壓力非常的大。有時可能因工作負荷過重，或因沒有把完成工作的詳細步驟，作周詳的計畫，導致曠廢時日；或遇到困難時，這些狀況都容易影響情緒。情緒一旦波動，接下來就可能造成心情低潮，進而拖累創業前進腳步而乾著急。壓力雖然在短時間內，不會造成疾病，但焦慮、憂鬱、忿恨、恐懼、驚嚇、駭怕等激動不平的心理情緒，就會對身體健康有相當大的威脅。長期壓力會導致血糖升高，因此面對壓力時，最重要的是要懂得紓解之道，而不是將其壓抑下來。紓解創業壓力此議題，本書提出下面幾項原則，供創業者參考。

一、檢討自己的能力：壓力的來源是，本身對事物的不熟悉、不確定感，或是對於目標的達成，感到力有未逮所致，那麼，紓解壓力最直接有效的方法，便是去了解、掌握狀況，並且設法提升本身的能力。但是如果是負荷過重，那部分可以請顧問公司或他人代勞，檢討之後，再針對問題加以改善。

二、加強時間管理：如能列下要做的事，以及處理的細節步驟，利用零碎的時間，作好時間管理應是一件降低壓力的好方法。不要高估自己的能力，低估自己所需的時間，當我們為自己的目標定計畫時，不要將時間定得太過緊迫，如果能給自己充裕的時間與空間來完成一件事時，可以紓解壓力。當角色混淆時，應先進行了解工作的內涵，再多與相關的主管或部屬加以討論、溝通與協調。

三、目標集中、力量集中：學習拒絕與創業主要工作目標無關的額外事物。當創業者不懂拒絕時，時間就容易被分割。

四、授權給他人：不放心別人所做的，往往是工作負荷過重的主要原因之一。要給別人經驗累積的機會，若你從不授權給他人時，事情永遠只能自己做。

五、排除工作內外的角色衝突：當角色有衝突產生時，需將產生衝突的角色需求界定清楚，再想如何才能兼顧；若無法兼顧時，則依自己的需求，排出扮演好角色的優先次序。

六、增進人際關係：人際關係不好就會造成人我之間緊張的氣氛，不但心理壓力很大，且也不容易得到別人的援助，壓力就無法紓解，因為良好的人際關係，可在心理上與實質上，降低我們的壓力。要增進人際關係，要多體貼別人，每個人都有不同的價值觀及做事的方式，不要主觀認定那一個對，那一個錯。事實上，很多事都沒有所謂的對錯，只是習慣不同。另外，多講別人的優點，肯定別人，也都有助於人際關係的改善。

七、遇「事」則深呼吸：做事前三次深呼吸。專家建議，做重大決策前，最好都先做三次緩慢的深呼吸，以減小壓力。

八、少吃刺激性物質：許多人面對壓力時會多喝咖啡、酒等，事實上這些東西更會造成生活上的緊張與壓力。有壓力時宜多吃蔬菜、水果、維他命B1、B2、B12含量較多的食物，有助於降低壓力。

紓解創業壓力原則

1. 檢討自己的能力

2. 加強時間管理

3. 目標集中，力量集中

4. 授權

5. 排除角色衝突

6. 增進人際關係

7. 遇「事」則深呼吸

8. 少吃刺激性物質

Unit 4-11 時間管理

創業者經常抱怨他們沒有時間或精力，來制定正式的計畫以達到目標。創業家最重要的資源就是時間，因為它無法再生。因此如何有效的進行時間管理，攸關創業的成敗。有效的時間管理，可以分為兩個層次，一個是單日的時間管理，另一個則是一週工作的管理。以下提供七點時間管理的意見，供新創事業者參考。

一、掌握前進方向：掌握每天、每週的工作進度。當每天的決定都植根於現實目標之上時，會讓工作做得最好。新創事業者對於目標的清楚認識，會讓創業者更好的利用這些機會的優勢，以幫助公司發展。將現在的選擇，與將來的選擇結合起來，這會有助於創業者在決策時建立信心，也讓創業者在計劃下一步行動時更容易。

二、飛行模式設定：每週至少爭取一天，或每天設定一個時段為飛行模式。因為這樣就能夠有一段連續不中斷的時間，可以專心完成創業相關的主要工作。

三、劃分輕重緩急：將創業計畫的新工作依時間的重要性，基本上可劃分成三大類：

(一) 具迫切性、須立刻做的（例如：打電話、銀行匯兌）：面對這類刻不容緩的議題，就應該立刻去做。

(二) 不具迫切性，但必須做的（例如：給收據）：放入「今日計畫」或「本週計畫」。

(三) 不具迫切性，不一定必須做的：可留到下次規劃，再進行安排。

四、時間規劃：創業家的時間管理非常重要。一天只有幾個小時，所以一定要有效率。在一天的開始，你就得知道你的目標，還有你該完成的任務是什麼。同時可以在每日的上午9點到12點，將需要腦力判斷的重要事情做完，而在每週五的下午，提前將下週所有的行程都安排好，這樣一來，就有充沛的時間，迎接新的挑戰。

五、杜絕「浪費時間」：先找出「浪費時間」的原因，作為時刻提醒避免發生的情況，進而排除障礙，大幅減少時間的浪費。

六、善用零碎時間：也許創業家沒有完整時間，但肯定有零碎時間，因此如何評估及善用零碎時間，必將有助於創業家的創業。

七、兩分鐘定律：它的概念非常簡單——每當出現一個新工作，就評估「我能不能在兩分鐘內完成這件事」。假如可以，就立刻去做。

時間管理

時間管理

- 掌握每天、每週的前進方向與工作進度
- 設定飛行模式

- 劃分輕重緩急
  - 具迫切性，須立刻做
  - 不具迫切性，但須立刻做
  - 不具迫切性，不一定須做

- 時間規劃

- 杜絕「浪費時間」

- 善用零碎時間
- 兩分鐘定律

Unit 4-12 創業之策略管理

策略規劃(Strategic planning)源起於五〇年代末期，與六〇年代早期，企業界用以幫助管理者整合組織與環境，可釐清組織未來走向，並可增進組織處理危機的能力，使組織能達成重要目標。對新創事業而言，策略性規劃具有事先評估企業經營能力，為最高層級之行銷管理。強調對組織內部環境之強勢(Strengths)、弱勢(Weakness)、機會(Opportunities)和威脅(Threats)進行分析。

一、策略規劃的過程：由於創業充滿了許多不確定風險，為了提高創業成功的機會，策略管理扮演重要角色。策略規劃的主要角色，在於提供前瞻性的重點及方向，作為整個組織努力的依據。若執行錯誤方向的營運計畫，不僅會與正確的策略方向漸行漸遠，更無法達成長期、持續性的結果。各策略規劃模式的相關過程，大致區分為：1. 發展願景、2. 建立目標、3. 分析環境、4. 形成策略議題、5. 分析利害關係人、6. 計畫整合行動、7. 評估績效等七大面向。

二、創業策略的關鍵：1. 確定客戶；2. 經營好自己的客戶；3. 實現客戶滿意和忠誠，從而實現4. 企業的可持續發展。但是如何讓客戶滿意？這不但需要企業有優良的產品與服務，更需要有效策略為客戶創造價值。

三、創業策略：Covin and Miles (1999) 提出創業家應用五個策略來發展新創事業，策略包括：1. 策略的更新(Strategic renewal)；2. 持續性的改善(Sustained regeneration)；3. 重定營運領域 (Domain redefinition)；4. 組織的活化(Organizational rejuvenation)；5. 重建經營模式(Business model reconstruction)。綜合以上五種策略的創業，前三者係透過企業的創新機能來強調重新定位產品、市場以及新事業，而後兩者則著重於重建內部價值鏈活動能力，來強化本身的執行效率與效果。

Drucker(1985)強調創新與創業不應該只聚焦於技術本位，否則將導致創業失敗。創業初期，創業家必須有明確的市場定位以確保存活，其重要性超越效能。假如企業沒有明確的市場定位，將使產品成為競爭劣勢。有學者進一步指出，當企業處於超競爭的環境中，不管創業家採用差異化、低成本領導、集中化等市場定位策略，企業只具備暫時性的競爭優勢。事實上，創業家可以透過價值鏈的獨特結構，與協調統合活動，來創造顧客價值與獲得有利市場定位，以獲得創業的生存利基。

策略管理的關鍵是，知道何時該往新的方向前進。新創事業需要「能夠迅速分辨眼前的路，是不是死胡同？然後勇於承認失敗，再往新的方向前進」。有學者指出，很多人創業失敗的原因，就是在於他們在錯誤的方向上，努力得太久。然而成功的創業家，則懂得何時該壯士斷腕，迅速的止血，並分辨哪條路，可能行不通，然後果斷的放棄，並重新修改方向，然後再次踏向正確的道路上。

策略規劃過程

1. 發展願景
2. 建立目標
3. 分析環境
4. 形成策略
5. 分析利害關係人
6. 計畫整合行動
7. 評估績效

創業策略關鍵

1. 確定客戶
2. 經營客戶
3. 實現客戶滿意
4. 企業可持續發展

創業策略包括

1. 策略的更新
2. 持續的改善
3. 重定營運領域
4. 組織活化
5. 重建經營模式

E
S

第 5 章

為何新創事業一開始就要做品牌？

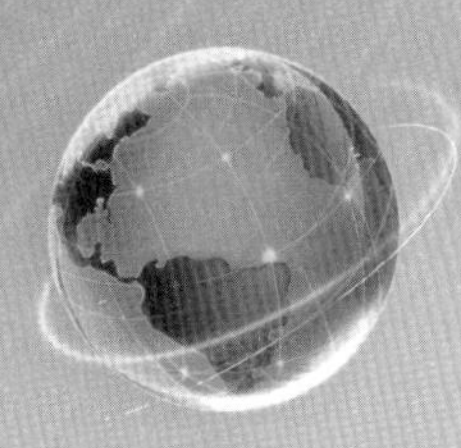

章節體系架構 

Unit 5-1 品牌是與外界溝通的基礎

當政府、學校、年輕人鋪天蓋地瘋創業，臺灣的新創企業，卻常撐不到五年就宣布陣亡，造成臺灣企業和人口一樣逐漸老化。為什麼新創企業如此容易陣亡？一開始沒有耕耘品牌是重要的關鍵。

一、沒有品牌，又有誰會記得新創事業

所以一開始創業，就要做品牌！儘管臺灣人充滿無限創意，能夠將臺灣小吃、餐廳不斷創新，研發變化出多元的料理，但是若沒有品牌識別(Brand Identity)，最後會不會在發展事業時，競爭力不足，購買者容易品牌混淆、販售的商品與客層，無法吻合的種種問題。這也是為什麼近年來，「品牌」已成為臺灣各產業，最熱門的關鍵字之一。目前無論代工製造與貿易商，皆積極思考或佈局轉型，創立自有品牌的可能性。

二、沒有品牌，新創事業就沒有靈魂

一般來說，新創事業的組織架構和運作流程，就是它的骨架和血液；產品和服務是肉；行銷包裝是外貌和行動；而品牌精神和理念便是它的靈魂了。如果新創事業沒有品牌，新創事業就沒有靈魂！沒有靈魂的新創事業，有多大意義？能走多久？

三、沒有品牌，消費者的信任難以附著

品牌就是種信任，它能使客戶沒有懷疑且一再重複消費，這種關係的建立並不容易。創造強勢品牌對於一個企業而言，是一件意義深遠的事情，是企業獲得核心競爭優勢的基礎，也是創造產品附加價值的關鍵。

四、沒有品牌，就不能有效保護和發展新創事業

新創事業一定在產品或服務方面有過人之處，所以才敢創業。但是這個部分可能被人模仿或剽竊嗎？沒有品牌，法律如何保護？品牌應該是能讓人感動、真正解決了一個問題，消費者選擇使用後，會自動的想要推薦，形成口碑。其實品牌的靈魂，是創辦者的初衷和夢想的具體實現，是創辦者特質和思想的延伸。品牌靈魂決定了這些公司，將來的命運和發展，也影響了這些公司的存續。

品牌重要性

沒有品牌 → 又有誰會記得新創事業

沒有品牌 → 新創事業就沒有靈魂

沒有品牌 → 消費者的信任難以附著

沒有品牌 → 就不能有效保護和發展新創事業

知識補充站

大黑松小倆口

以牛軋糖起家，並迅速竄紅的大黑松小倆口，在80年代轉入喜餅市場經營，首創糖餅合一的喜餅，曼谷包的熱銷，亦在喜餅市場屢創佳績。總經理邱義榮有鑑於未來的趨勢，毅然將公司轉型，投入新事業，於2005年起陸續在土城成立牛軋糖博物館、桃園大溪愛情故事館、南投埔里元首館，為當地創下旅遊高峰，同時堅持回饋社會，不收任何門票費用，為國人提供休閒好去處。

過去60年，大黑松小倆口完成企業及品牌的良好基礎，而在新的世代，大黑松小倆口將展開「走向年輕化，網路新世代」的全新任務。為此，邱總經理提出5項全新目標：

1. 網路全面性進入。
2. 產品創新突破年輕化。
3. 行銷手法年輕化。
4. 品牌推出吉祥物。
5. 包裝創新，環保又實用。

期許未來能夠透過創新，再創60年高峰！

Unit 5-2 新創事業品牌的設計與重心

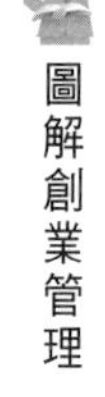

一、品牌設計的「特色」發展過程

品牌設計所強調的，就是特色！品牌設計的「特色」發展過程：1. 功能階段－30年代的機能設計(Design for Function)；2. 人性階段－50年代親人性設計(Design for User-friendly)的友善階段；3. 樂趣階段－70年代趣味性設計(Design for Fun)為主軸的階段；4. 幻想階段－90年代的新奇性設計(Design for Fancy)；5. 情境感覺階段－21世紀人性化貼心設計(Design for Feeling)。

二、品牌設計重心

1. 設計團隊要掌握產品的表象及意涵；2. 針對其有形、物質、使用行為、儀式習俗、意識型態、無形精神等文化屬性，進行資料蒐集、分析、綜合等設計準備工作；3. 透過設計，適切地把風格表達在產品上，達到消費者深層的期望，觸發其使用需求；4. 透過文化認知的詮釋，將消費者所期望的經驗情感，投射在產品上，以引起消費者的共鳴，進而達到滿足消費者情感的需求。

三、設計要確保符合消費者

商品要感動人，必須先將心比心，去體會目標消費者的生活，並設計出他們想要的產品。為確保合乎消費者的需要，其具體步驟是：1. 決定誰是顧客(WHO)；2. 顧客想要什麼(WHAT)；3. 如何將顧客的需求，轉換成技術需求，並建立產品或製程特性的目標價值。

【案例】芬蘭第一品牌的書包 Marimekko，顧客確認為學生。該公司以款名為Olkalaukku的設計，帆布為材質，內包外側有兩個口袋，可放鉛筆盒、行動電話，並有一個名片夾。這款書包被稱為「芬蘭人的書包」，32年的歷史，至今依然當紅。

四、易製性設計

在設計產品時，要考慮日後加工與組裝的方便，並減低生產的成本，與高品質的目標，通常應採取的六原則是：1. 盡可能減少零件數目；2. 採用模組化的設計；3. 善用材料物理特性；4. 注意製造方法；5. 避免尖銳突出的設計；6. 掌握製程能力。

五、電腦輔助設計

在研發產品時，可利用電腦來協助設計、修改、模擬、測試及分析。這個優點不僅能增加設計師的生產力至少三至十倍，也不必費力準備產品或零件的手繪圖，還可快速且反覆地修正設計上的錯誤。

品牌設計的「特色」發展過程

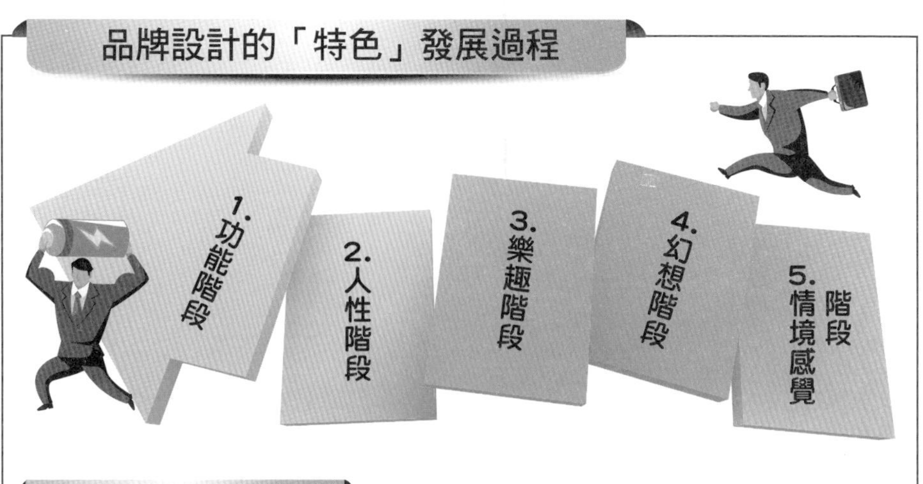

品牌設計重心

1. 掌握表象及意涵
2. 針對各種文化屬性，進行設計前準備
3. 把風格設計在產品上
4. 引起消費者共鳴

確保符合消費者需求

確保符合消費者需求

- 決定誰是顧客
- 顧客想要什麼
- 如何將顧客的需求，轉換成技術需求

易製性設計

易製性設計

1. 盡可能減少零件數目
2. 採用模組化的設計
3. 善用材料物理特性
4. 注意製造方法
5. 避免尖銳突出的設計
6. 掌握製程能力

Unit 5-3 新創事業的品牌風格

形成品牌「設計風格」的原則，有「底層醞釀」、「設計週期」、「設計社會學」、「鐘擺效應」、「時代精神」等，五種不同的理論觀點。這五種不同觀點，是從不同角度，提供新創事業應注意設計品牌時，所要突出的焦點。

一、風格：風格的定義，人言言殊，本書則將風格界定為：能提供一種氣氛，予人一種特殊感覺（簡約、時尚、華麗……），或不同的深刻印象，是各種特色的綜合表現。

二、品牌風格(Brand Character)：指品牌本身在市場上，所展現長期持續性的特質與格調。每一種品牌的風格，都不盡相同。

三、品牌風格設計的內涵：要呈現「物」的風格構想，並賦予形狀的造形過程。品牌風格在設計上，須考慮到三個層面：1. 美學的要素；2. 技術的要素；3. 人體工學的要素。透過這三者的總和，可以為品牌設計出風格。

四、品牌風格設計的原因：消費者會尋找符合自己個性一致的品牌風格，提升消費者「生活品味」，透過所購買該品牌風格的產品，得以表示「我們是誰」。

五、塑造品牌風格的目的：品牌風格能塑造企業與產品的形象，以及與產品相關的各種屬性。品牌風格的接受程度，反映市場對該品牌的感覺。若是消費者覺得這個品牌是恰當的、是屬於自己的產品，則比較願意與該品牌建立關係。

六、品牌風格的魅力：品牌風格的第一印象，就決定了與消費者的距離。每個成功的品牌，都塑造了獨特的風格和個性。譬如：真誠(Sincerity)、興奮(Excitement)、能力(Competence)、典雅(Sophistication)、堅實(Ruggedness)、南歐（日本、蒙古）特色、原住民特色等。

小博士解說　**品牌風格實例**

(一) 臺灣最大品牌的「霸味」薑母鴨，風格特色是湯頭、鴨肉、爐具、矮凳。(二) 宏碁的法拉利筆電提供了速度、頂尖的造型；(三) 華碩推出皮革包覆的筆電 S6，突顯時尚、流行的意象，以竹子為材質的 U6系列，在在傳達了中國的優雅；(四) Vespa的摩托車造型具有義大利異國風情，鮮豔的色彩會讓消費者覺得這比其他的牌子更有靈魂；(五) 瑞士飛力飆馬 Felix Buhler的高爾夫貴族休閒品牌，則強調豐富變化性的色彩、協調的幾何圖形線條，呈現出貴族般的優雅魅力；(六) 義大利百年歷史的米蘭品牌GUCCI，一向講究現代藝術氣息，如簡潔而摩登的皮件系列，注重「性感危險風格」的鞋子，其他在家飾品、寵物用品、絲巾與領帶的設計上，則幾乎都呈現冷靜、現代的精緻風格。

品牌風格

品牌風格

意義

指品牌本身在市場上，所展現長期持續性的特質與格調

三方面考慮

- 美學
- 技術
- 人體工學

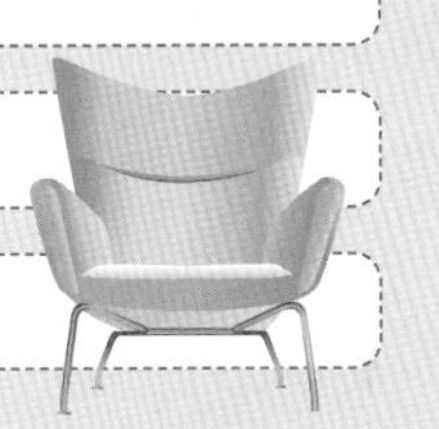

設計原因

- 消費者會尋找符合自己特性的品牌風格

- 提升消費者「生活品味」

設計目的

- 能塑造企業與產品的形象
- 能塑造產品屬性

Unit 5-4 新創事業品牌必須講究設計

品牌必須講究設計，因為設計是品牌工程的起點。因此，不論選擇哪一種產業來創業，或是有多崇高的品牌理想，都必須從設計打下品牌的根本與基礎。歐洲人說：「設計」是人類用智慧及技巧解決問題的一種創意活動。猶太人說：「設計」是一種有市場性及商品化的創意活動。日本人說：「設計」是一種有附加價值的創意活動。

一、設計意義

透過圖文或符碼的創作，將設計語言轉換成具有形狀、色彩、質感，在一定時間與空間內，呈現給消費者的產品。

二、設計角色

品牌可以創造出常駐消費者腦海中的「認知價值」。而設計最核心的本質，正是透過創意概念、設計方法、材質運用，來創造出超越工具性、具備獨特「認知價值」的產品。未能掌握消費者腦袋中抽象的認知，就會淪於產品規格，與製程技術的追逐，並做出一堆功能強大但差異不大的同質產品。

三、設計功能

創意的設計——為品牌形象發聲；以感動與驚喜的造型——為消費者提供更好的使用體驗；獨特設計的包裝——拉近品牌與消費者的距離，獲得企業目標效益。對總體產業來說，設計有助產業的轉型。臺灣能歷經50年風雨的老品牌，大多是重視設計的品牌；如乖乖、綠油精、養樂多、蝦味先、阿瘦皮鞋、黑人牙膏、大同電鍋、丹麥酥餅、黑松汽水、義美蛋捲、小美冰淇淋、達新牌雨衣、萬家香醬油、白蘭洗衣粉、牛頭牌沙茶醬等。

四、品牌設計的範圍

市場設計分析、產品設計、品牌設計、品牌形象設計、品牌命名設計、企業簡介設計、品牌故事設計、展示設計、專屬網站設計、網頁設計、包裝設計、品牌口號設計、產品型錄設計等。

五、品牌與設計相輔相成

設計是一種藝術型式，也是一項行銷美學，透過這些設計，能建構具有獨特風格、明確市場區隔、吸引市場高忠誠度的顧客，進而建立獨有的品牌風格，不易被模仿的事業定位。

六、設計強調風格

「好的設計，應該超越功能」(Good design should be beyond function.)。在消費者導向的設計趨勢下，個性化、差異化的產品，表現文化特色的設計風格，已成風潮。例如：義大利風格、日本風格、德國風格、北歐風格等。各國不同的產品風格，所呈現的設計差異，正是「同中求異」的大趨勢。

設計

歐洲人

設計是人類用智慧及技巧，解決問題的創意活動

猶太人

市場性及商品化的創意活動

日本人

有附加價值的創意活動

設計要注意之六大面向

Unit 5-5 新創事業品牌風格的設計

一、風格塑造：產品風格的形成，有其發展的歷史，每個時代、區域、社會都各有其特殊性。不同民族在不同時間，衍生出不同的主流設計原則或策略，這就是不同時代的風格設計。

二、風格設計方法

(一)「劇本」式設計法：「以使用者為導向」，於設計開發過程中，不斷以視覺化及實際體驗的方式，引導參與產品設計開發人員，從使用者及使用情境的角度，去評價產品設計的成熟度與周全性，以達到一個具有美學的造形，且充滿感情能夠打動消費者的心靈產品。

(二) 情境故事法：在產品開發過程中，透過「想像」消費者可能的使用情境，以檢驗產品的構想，究竟是否符合使用者的需求。

(三) 產品語意學設計法：經由符號造型、抽象圖案，和造型等操作，以符號詮釋產品設計的意義，並提供使用者與產品之間良好的訊息傳達！

(四) 追隨既有「典範」：過去的典範，從希臘羅馬時代的設計到後現代的設計，只要追隨既有「典範」的設計，也是風格設計方法之一。

三、風格設計標準：當消費者第一次看到、摸到產品、或在享受消費時，會有驚喜的感覺，這樣的風格特色就算成功了！

四、風格設計的美學：風格設計必然要加入美的形式，其內涵包括了秩序美、反覆美、漸變美、律動美、比例美、對比美、調和美、統一美、基本美等。透過風格造型，設計達成了五大功能：1. 識別與確認；2. 資訊分享；3. 市場銷售；4. 製造歡樂；5. 創造差異化。這些功能可使消費者獲得產品功能上的滿足以及心理的愉悅。

五、風格設計應有「三個掌握」

(一) 掌握設計原理：直線、平面圖像、立體造型、空間、顏色、構成、組織原理等，會對消費者產生不同的心理影響。

(二) 掌握設計需求：目的、功能、美感、性能、市場、特徵、品味、風格、安全性、制定設計概要及規格外，更要為商標與製成品設計視覺美感。

(三) 掌握美的形式技術：平面構成技術、視覺幻象技術、特殊技法表現、基本攝影技術，以及文字造型技術。

六、新時代設計的風格特色

(一) 低調華麗：全球的失業潮，以及貧富差距過大，所以目前新時代設計的風格特色，主要偏向簡單、大方、不張揚的低調華麗風格。

(二) 個性化需求：企業為滿足消費者個人化需求，因而興起客製化的潮流。特別在產品風格裡，加入了自我意識，使產品更具獨特性。

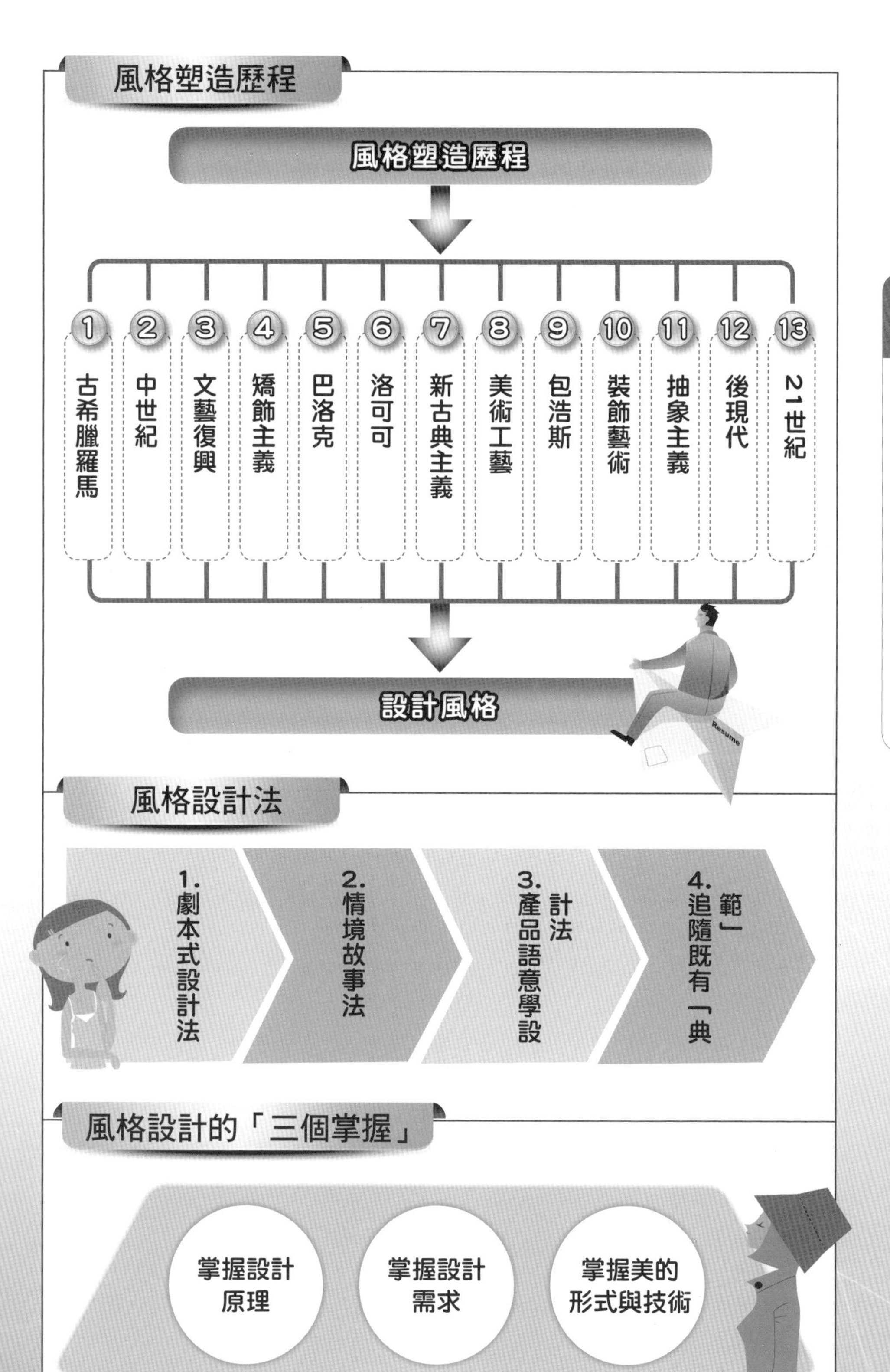
風格塑造歷程
風格塑造歷程
1 古希臘羅馬
2 中世紀
3 文藝復興
4 矯飾主義
5 巴洛克
6 洛可可
7 新古典主義
8 美術工藝
9 包浩斯
10 裝飾藝術
11 抽象主義
12 後現代
13 21世紀
設計風格
Resume
風格設計法
1.劇本式設計法
2.情境故事法
3.產品語意學設計法
4.追隨既有「典範」
風格設計的「三個掌握」
掌握設計原理
掌握設計需求
掌握美的形式與技術

Unit 5-6 品牌設計與規劃的四大面向

一、成立品牌管理團隊：品牌領導的組織，應提出品牌策略（創新性、突破性、市場性），發展有前景的產品，還要能診斷、處理品牌問題。品牌領導的組織，像燈塔或火車頭一樣，為企業指引前進的方向。

(一) 讓「職位」與「職能」匹配，透過工作分析與工作設計，清楚定義每位設計團隊工作的範疇與績效指標。

(二) 管理的關鍵：品牌經營是長期的組織戰，要有長期的經營理念、品牌領導的組織機構、明確品牌戰略的核心地位、企業的品牌文化、行銷溝通的職能。如此才能提升品牌形象、累積品牌資產，達到對顧客的價值承諾和關係維繫。

二、預算：品牌需要投入極大的預算，其中以產品相關設計預算和行銷品牌的預算最大。以行銷品牌的費用來說，它的支出與企業總營收的比例，依不同產業而有不同的數字。像消費性的產品一般可高達15%~20%，服務型產業則約10%；至於耐久材的產品，如汽車、電腦等，由於產品本身價格高，因此行銷占總營收，一般僅約0.5%到3%。單是行銷中的廣告代言費，以金城武、周杰倫這類高知名度的人，大約每 30秒差不多就要支出1,000萬元臺幣。

三、溝通：品牌管理部在對內溝通上，要聆聽、擷取、整理大家的意見，然後形塑出最符合品牌的精神。

(一) 標準作業流程：品牌設計團隊針對企業內部管理系統，提供標準作業流程設計，這項規劃將清楚地對內部溝通，並且讓內部人員從下到上、由裡到外清楚了解流程的運作，如此將會幫助員工做出正確的決定，並且創造執行力。

(二) 各部門合作：在設計過程中，須不斷與其他相關部門成員合作與交流，因此各部門不是孤立，而是整合的，這也常成為創意思考的來源。

四、品牌管理：企業發展品牌的理想，唯有變成全體員工的共同目標，才能推得成功。換言之，品牌需要管理，品牌的路，才會走得更長久。

(一) 內在品牌管理(Internal Branding)：內在品牌管理是指從策略規劃、研發、生產、行銷、業務到專案管理，每一個角色間關係的建構。因此，企業執行長必須把品牌管理，內化為全員品牌管理(Total Brand Management)的思維，來動員公司上上下下，投身「做品牌」。

(二) 外在品牌管理(External branding)：這是以消費者為中心來整合企業內外資源，滿足消費者達成品牌的核心價值。

1. 在推動品牌管理的過程中，應了解所有影響品牌、利害關係的因素，如目標客戶、合作夥伴、批發商、投資者，售後服務，以及國外市場等多項變數。

2. 品牌經營從初期研發到後端服務，都要細心耕耘，以紮實創造品牌的價值、徹底實踐品牌承諾，最後達到與消費者心意相通，這才算是真正的成功！

品牌設計與規劃

成立品牌管理團隊

「職位」與「職能」匹配

預算

品牌溝通

標準作業流程

團隊合作

品牌管理

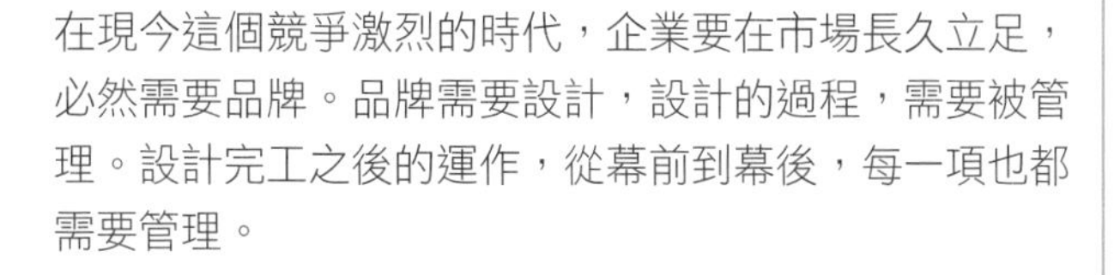

內在品牌管理

外在品牌管理

知識補充站

在現今這個競爭激烈的時代，企業要在市場長久立足，必然需要品牌。品牌需要設計，設計的過程，需要被管理。設計完工之後的運作，從幕前到幕後，每一項也都需要管理。

Unit 5-7 品牌決策團隊

新創事業需要品牌決策團隊與品牌管理團隊，他們各有不同的分工與任務。品牌決策團隊主要負責，品牌的大戰略，建構品牌管理團隊，與品牌發展的總體方向。

一、高層擔任

「創辦人的信念」是品牌的根！事實上，一個品牌的成功，公司創辦人及決策者的態度是非常的關鍵！

【案例一】國內宏達電「HTC阿福機」品牌（智慧型手機），先是由宏達電總裁兼執行長周永明，把推動「HTC阿福機」品牌的利弊得失、風險和策略，寫成長達數頁的營運計畫書，呈報給董事長、總經理和營運長。核可後，再送到董事會取得認同，最後則把這份計畫書，交給品牌經營團隊推動規劃。2006年正式展開宏達電的營運轉型行動。2007年6月推出「阿福機」，HTC一戰成名。

【案例二】華碩Eee PC品牌推動，這是由創辦人施崇棠先提出概念，執行長沈振負責定調產品、掌控進度，電腦事業處總經理居中執行、協調。

二、事業團隊擔任

【案例一】星巴克最重要的設計與創意團隊，是「全球創意小組(Global Creative team)」，這100人的團隊，設計師占了1/2，其他多為專案經理人，這個團隊負責幾乎主導全部的星巴克設計、廣告與行銷元素（除了店面與傢具等）。

【案例二】王品集團內，根據不同的品牌，都設立一個品牌決策小組，如王品小組、原燒小組、品田牧場小組等。每一個品牌小組，完全掌握品牌的事務，舉凡年度行銷計畫提案、消費者試菜、店鋪裝潢風格管理、店鋪裝置藝術、文宣統籌管理、網路行銷、媒體聯繫、異業合作開發等，都涵蓋在內。為避免對外形成多頭馬車，於是將共同的工作抽出，成立異業公關小組、網路行銷小組、設計小組，形成共同資源，服務所有品牌，達到多品牌綜效。

三、做好決策的5C模式

1. 思考(Considering)；2. 諮詢(Consulting)；3. 承諾(Committing)；4. 溝通(Communicating)；5. 檢討(Checking)。「檢討」包括選定績效指標、設定目標、評估過程、確認發展需求等等。決策時常面臨的障礙包括：問題不明確、目標不清楚、資訊有限、不足或太多，相關性不明、不確定的因素、環境變動快速、完成決策的時間急迫、實現決策方案的資源缺乏等，因此往往掉入決策失敗的模式中。

品牌決策團隊

高層擔任

① 宏達電「HTC阿福機案例」

② Eee PC案例

專業團隊擔任

① 星巴克案例

② 王品集團案例

做好決策5C模式

① 思考

② 諮詢

③ 承諾

④ 溝通

⑤ 檢討

由經濟部主辦的「2016年臺灣國際品牌價值調查」，結果在2016年11月29日出爐，由華碩穩坐冠軍，這也是華碩連續第4年獲得冠軍，趨勢科技、旺旺控股也穩坐第2名、第3名。整體而言，2016年臺灣20大國際品牌價值為92.43億美元，相較2015年品牌總價值89.55億美元成長3.21%。

Unit 5-8
新創事業的品牌策略

一、品牌策略

品牌策略涵蓋的範圍很廣，主要涉及四大方面：

(一) 品牌形象：消費者對品牌有什麼既定的認知形象？品牌經理必須透過各種行銷活動與對外訊息，決定品牌所須具備的理性和感性的形象暗示。

(二) 品牌權益：前述的品牌形象，對消費者而言有什麼價值？對他們是不是有相關性與重要性？要在高度變動的市場中，維持產品形象，對品牌經理是大考驗。

(三) 品牌定位：前述的品牌形象，和競爭者相比有何不同？有何優勢？

(四) 品牌管理：品牌經理必須做的決定，包括產品線的延伸、改變產品價值，以符合客戶需求，並確保品牌承諾的價值。

二、敏感度

品牌經理必須對數字、消費、流行等市場趨勢，以及政治、經濟（美國QE退場）、治安、人口（少子化）、科技變化（3D列印技術）等大環境，都要極度敏感。當偵測到這些變化時，一定要能臨機應變。

三、協調溝通

今天的企業主管如果想達成目標，要加強的，已經不只是帶領自己團隊的領導力了，還包括跨部門、跨層級的溝通影響力。因為他不但要了解市場需求，也要精通技術，更要負責部門間協調，與合作夥伴發展長線關係。例如：對於負責產品的創意發現與開發，需要和研發部門溝通，同時又要和市場行銷部門密切合作，甚至偶而也要向財務部門爭取經費。

【案例】華碩當年為推出 Eee PC，便組成了一個專案團隊，由臺灣負責軟體，蘇州開發硬體。為了搶時間上市，在那一個月內，每天都有臺灣成員把零組件帶去蘇州，蘇州成員則把硬體送來臺灣，和軟體一起運作，且都反覆討論。

四、品牌經理的痛處

在臺灣的代工生態中，品牌經理常是吃力、不討好。特別是品牌經理沒有直線的指揮權，也不具人事調動權，但卻要擔任各部門，以及公司與公司間的協調，而且每一次商討問題，都要謀求共識，找出雙贏之道。

五、品牌副理

品牌經理需要有副手的協助，這位副手常稱為品牌副理。品牌副理所需條件主要有十二點：1. 熟悉公關／媒體作業。2. 負責統籌規劃新品牌事業發展策略。3. 負責制定品牌事業經營規劃、銷售計畫、財務預算。4. 負責組建並管理品牌營運團隊。5. 配合公司制定的品牌定位與品牌策略，推廣品牌價值及企業形象。6. 組織、協調公司的其他部門，共同完成整體營運目標的達成。7. 了解市場消費模式且具足夠行銷經驗。8. 了解如何運用現有資源並領導團隊。9. 隨時保持第一手產業競爭敏銳度。10. 具高度市場敏銳度。11. 具設計、鑑賞能力。12. 具創意、行銷企劃能力。

新創事業的品牌策略

新創事業的品牌策略

擬定品牌策略

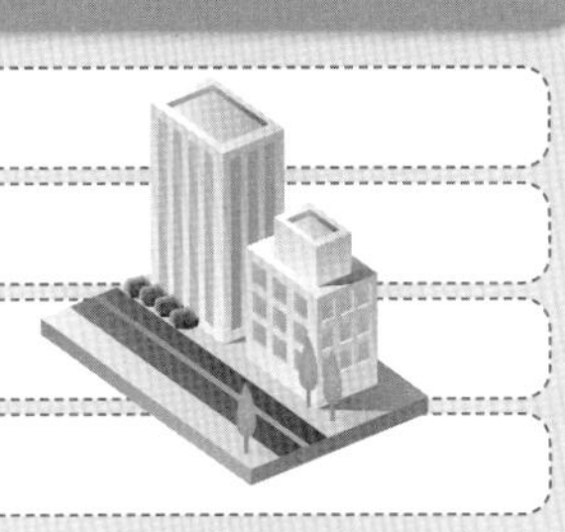

- 品牌形象
- 品牌權益
- 品牌定位
- 品牌管理

具市場敏感度

- 政治
- 經濟
- 治安
- 科技變化
- 數字
- 流行趨勢

協調溝通

品牌經理的痛處

品牌副理

- 熟悉公關作業
- 統籌新品牌事業發展策略
- 負責制定品牌事業經營規劃
- 組建品牌營運團隊
- 制定品牌定位與策略
- 了解市場消費模式
- 具市場敏銳度

Unit 5-9 品牌經理

一、品牌經理的重要

建立品牌最重要的門檻是，擁有一位具備完整品牌概念、管理知識與實務操作的品牌經理人。在整個品牌管理的過程中，品牌經理（ Brand Manager）從規劃、執行和控制某一產品線，或產品群的一切行銷活動，都扮演重要角色。很多的企業由於沒有適合的品牌經理人，因而讓品牌化的過程充滿險阻與滯礙難行。

二、品牌經理工作範圍

品牌經理是打造品牌的關鍵靈魂人物，其主要工作共有八項，包括：1. 市場分析與擬定行銷策略；2. 提出現有產品改善與強化計畫、新產品上市計畫、品牌或自有品牌上市計畫；3. 提出銷售目標、計畫，與年度損益預估數據；4. 持續強化行銷通路的建置；5. 進行產品上市活動與行銷媒體宣傳；6. 展開銷售成果追蹤與產品庫存管理；7. 定期進行品牌檢測；8. 備妥行銷應變計畫。

三、品牌經理的條件

(一) 智慧耐力：要領導一個品牌小組，一定要有智慧耐力、冷靜思考問題的解決能力、強烈的市場觸覺。同時因為工作很廣泛、複雜，舉凡創新研發、部門協調、品質形象維護、宣傳策略、培訓前線推銷員、市場推廣的品牌策略、與零售商或新客戶開會、處理突發事件，以及分析品牌營運，工作非常繁重。

【案例一】宏達電子在設計 Touch Diamond手機時，光是外型就嘗試了兩百多種不同設計。

【案例二】創見資訊的JetFlash V90C隨身碟於2009年初，榮獲德國「紅點」設計大獎(Reddot Design Award)，其外表的銘版，設計團隊大概試了一、兩百種材質，而外殼也是嘗試許多次之後，才找到可以兼具金屬感，和堅硬度的鋅合金。

(二) 創意：經營品牌最困難的，不是投入金額的多寡，而是「創意」的發想。創意非常重要，對於如何處理產品的市場、設計、包裝、銷售、消費者、潮流、售價及競爭者等，如果都是按照一定模式，有時很可能走到死胡同。因此對於行銷工具中的定價策略、促銷、店內陳列、刺激銷售人員的誘因、改變包裝、或提升產品品質等，若能有出奇制勝的創意，企業必然會因此有正面加分的作用。

【例證】全家便利商店結合傳統戲劇霹靂系列的DVD商品，並取得日本獨家授權，蠟筆小新周邊系列商品。又與國內最大咖啡豆進口商金車集團伯朗咖啡合作，推出「全家．伯朗咖啡館」聯合品牌(co-brand)行銷，在全省一千二百家店內鋪設咖啡機。

品牌經理

工作範圍

1. 市場分析與擬定行銷策略
2. 提出現有產品改善
3. 提出銷售目標
4. 建置行銷通路
5. 進行產品上市活動
6. 銷售成果追蹤
7. 定期品牌檢測
8. 備妥行銷應變計畫

條件

Unit 5-10 新創事業產品設計的關鍵

決定產品好壞的關鍵，產品設計前要注意人性化、產品使用情境等兩大指標，產品設計後，要注意忠誠度、「心占率」等兩大指標。

一、產品設計思考

新創事業要靠智慧、靠腦力生存，新創事業若沒有創造力，就沒有競爭力，失去競爭力就喪失生存力，舉凡食、衣、住、行、育、樂，只要創新就有賣點，財源滾滾而來，創造力的價值就在這裡。產品設計思考是一種以消費者為中心的設計精神，透過使用者經驗，可以掌握消費者需要什麼、想要什麼。更簡單的說，產品設計要注意人性化，要重視產品使用情境。當企業越貼近使用者情境，服務就愈深入、愈細緻，使用者經驗就會開始帶動顧客產品的忠誠度。產品從外在的表徵，到內在的意涵，從有形的形式，到無形的精神，只要不是從消費者出發，這樣的設計肯定不會成功的！

二、產品設計成敗的關鍵

美國企業學者羅伯特・庫柏(Robert G. Cooper)和史考特・艾德格(Scott J. Edgett)，針對203個新商品開發的個案深入研究，發現其成敗的關鍵因素：1. 具有明顯的差異化或獨特的商品特點；2. 在新商品開發之前，深入顧客的需要、慾望和喜好；3. 存在廣大的潛在市場；4. 具有良好的行銷組合執行力；5. 具好品質或顧客想要的關鍵特性；6. 正確的上市時機；7. 獲得公司的支持和足夠的資源配合。

三、美日設計差別

美日都重視產品的設計，日本的大多數廠商，注重的是「製造設計精良的產品」，採取的方法是，只向整體業務的某一點投入設計資源。而蘋果的設計，並不侷限於商品外觀，而是面對「與用戶的所有接點」，為客戶準備了超出消費者所預期的。

【案例一】2009年1月9日，英國政府針對2,500多人，進行了一項「最讓英國人反感的科技發明」，結果日本發明的「卡拉OK」高居榜首。為什麼會這樣呢？主要原因是英國的卡拉OK包廂，隔音設施還不普及，而且卡拉OK機，幾乎都是由一些五音不全和喝醉酒的人所把持，因此讓整個酒吧氣氛變差！

【案例二】星巴克強調僱用具商業及策略思考的設計師。星巴克的設計專案，大致要經過「概念選擇(Theme Selection)」→「概念發展(Concept Development)」→「審核(Approval)」→「溝通傳達(Delivery)」→「成果評估(Evaluation)」，五個重要階段。

產品設計的成敗關鍵

產品設計的成敗關鍵

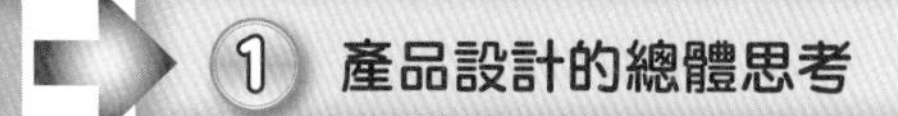

① 產品設計的總體思考

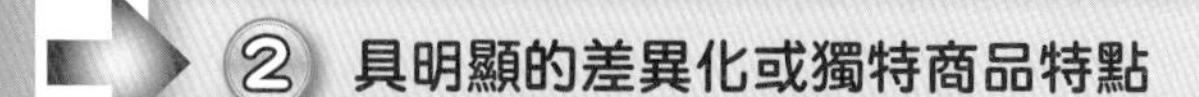

② 具明顯的差異化或獨特商品特點

③ 深入顧客的需要及慾望

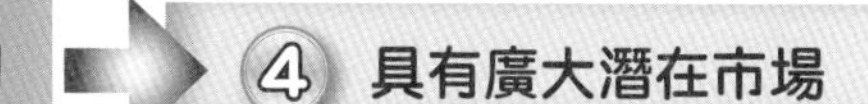

④ 具有廣大潛在市場

⑤ 行銷組合執行力

⑥ 具有好品質或顧客想要的關鍵特性

⑦ 正確的上市時機具足夠的資源配合

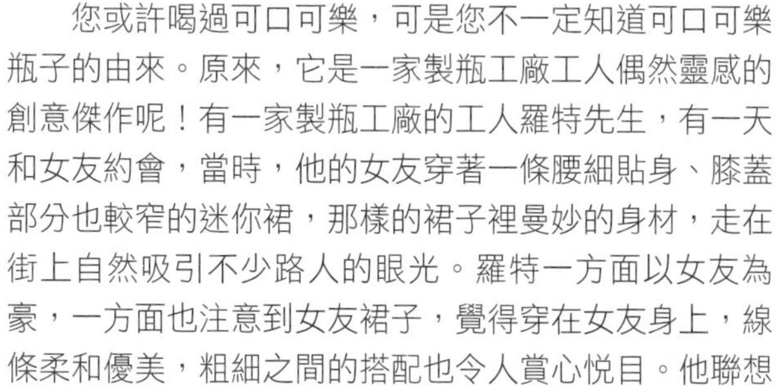

您或許喝過可口可樂，可是您不一定知道可口可樂瓶子的由來。原來，它是一家製瓶工廠工人偶然靈感的創意傑作呢！有一家製瓶工廠的工人羅特先生，有一天和女友約會，當時，他的女友穿著一條腰細貼身、膝蓋部分也較窄的迷你裙，那樣的裙子裡曼妙的身材，走在街上自然吸引不少路人的眼光。羅特一方面以女友為豪，一方面也注意到女友裙子，覺得穿在女友身上，線條柔和優美，粗細之間的搭配也令人賞心悅目。他聯想到要是把可樂瓶子的造型，也做成女友裙子的模樣，應該也會受到消費者的歡迎才對。羅特趕緊把當時的靈感、構想和裙子的模樣記了下來，幾經構思、修改、測試，就形成後來可口可樂瓶子的模樣，造型美觀可愛，容易掌握，連內裝的可樂看起來，也比實際容量要多，滿足了消費者視覺上的期盼。可口可樂公司看中了那個瓶子，就以600萬美元的高價，買下羅特的專利。

Unit 5-11 產品設計的方式

品牌大師馬汀・林斯壯(Martin Lindstrom)在《收買感官，信仰品牌》(*Brand Sense*)指出，藉由視覺、聽覺、嗅覺、味覺、觸覺的設計，可以左右消費者對於品牌的了解，甚至影響消費者潛意識的購買慾。

【案例】法藍瓷融合歐洲新藝術(Art Nouveau)的流暢線條，與我國傳統的彩繪技法中西合併與兼容並蓄的設計風格，為國際陶瓷產業開創一條新的設計道路，更成為法藍瓷與其他瓷器品牌差異化的最大特色。

一、新產品開發過程

第一階段是「創意發想」，第二階段「形成概念」，第三階段開始進行「可行性評估」，若有獲利前景，第四階段初步的設計提案（構想草圖——色彩、風格、形狀、功能），第五階段修改；第六階段細部設計（含材質設定）；第七階段進入製程，第八階段產品「上市」，第九階段後續追蹤與調整。

二、產品設計方式

傳統的產品開發過程，多是以循序漸進的方式進行，不僅延長了產品的開發時程，更浪費生產成本，經常導致產品錯失上市時間的競爭優勢。

(一) 同步工程：目前產品的設計，最常使用的是同步工程。

1. 同步工程的目的：整合行銷、產品設計、製造及相關製程，以有效縮短產品開發時程。

2. 同步工程的特色：在產品設計的初期，讓設計、品保、工程、製造、行銷、採購等人員，以交叉功能小組的方式，共同參與研發。

3. 同步工程的優點：能使研發人員在最早時間內，有效掌握各部門的意見，降低反覆溝通的次數，縮短開發時程，更能符合消費者需求。非研發人員得以提早獲得研發相關的訊息，而能有更充裕的時間，進行準備工作（如市場行銷）。

(二) 連鎖設計：產品設計程序在傳統上，有一定的連鎖性，而且是因果的連鎖性。例如設計的程序，必然包括設計目標、設計計畫、設計意念、設計程序、設計成型、與設計行為。若進一步分析設計活動的程序，則包括分析設計內容、設定設計條件、確定設計準則、制定設計計畫、收集設計資料、構思設計意念、完成機能分析、確定設計原型、回饋設計目標、發展細部設計、傳達設計答案。

(三) 多軌設計：多軌設計是指產品設計程序、生產製造、周邊相關計畫調查等，可以多方面同時進行的設計。其最大優點是降低成本、節省產品上市時間。

(四) 重疊設計：此種產品設計的所有階段，可以不必同時進行，只要透過協調與溝通，就能把不同階段的個體連在一起。其最大的優點，就是可以縮短商品的交付期。

新產品開發過程

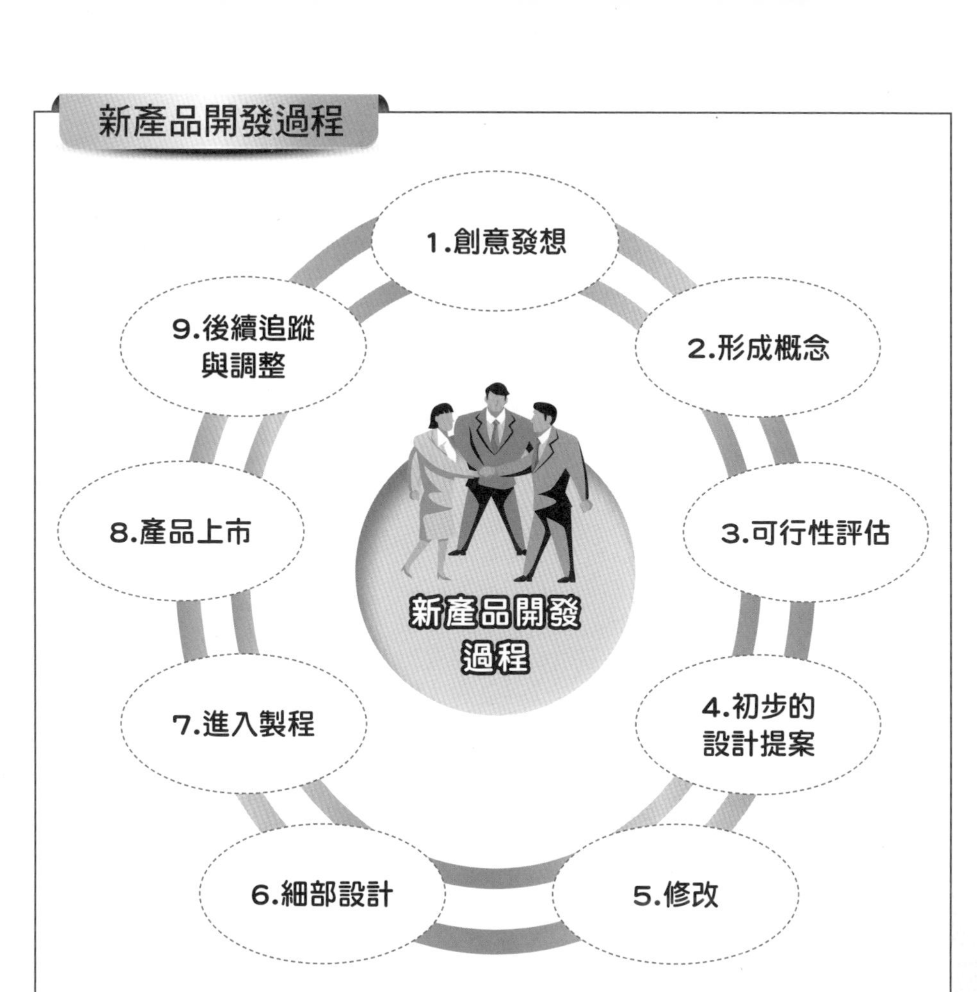

產品設計方式

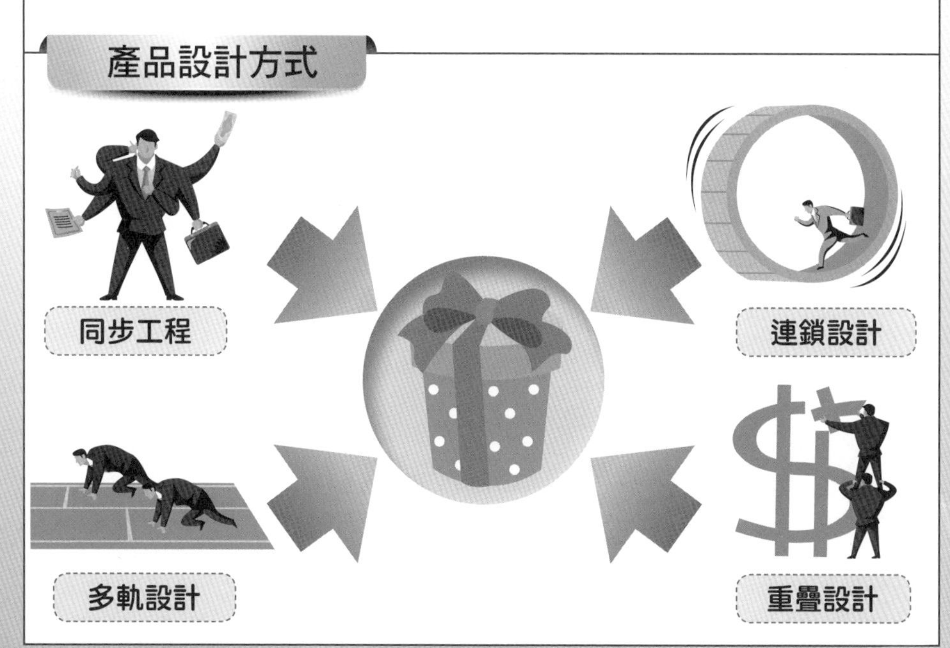

第 6 章

新創事業為何需要持續研發創新？

章節體系架構 

Unit 6-1 新創事業為何需要持續研發創新(一)

創業首在商品的創新，它是透過改變商品的某一面向或是元件，或是在材質、設計上的創新，使顧客產生不同感受。新創事業為何需要持續研發創新？主要有以下七大理由。

一、消費者喜新厭舊：由於時代、環境、科技在變，以致顧客的喜好、生活習慣以及價值觀隨著改變，對於產品或服務的需求趨向便利、快捷、安全、環保、多元化、新穎化……等方面變遷，新創事業為在市場上求得一席之地，需謹慎地觀察市場（顧客喜好）的變化，適時推出符合市場的產品，才不至於為市場所淘汰。顧客對於所使用的產品往往有喜新厭舊的傾向，對品質的期望亦會隨時變動。因此，對產品須不斷創新求變，推陳出新，才能獲得顧客的欣賞與符合顧客的期待。

二、微利化趨勢：由於國際經貿組織積極推動貿易自由化，使得國際間經濟貿易的壁壘日益降低，世界各國的貿易依存度升高，國際間或區域間產業的重新整合與分工。不同的區域或國家，各自就其本身的特殊需求，或其特有資源所構成的比較利益(Comparative Advantage)，自然形成特定產業或產品的發展環境或競爭條件。

三、全球化激烈競爭：由於市場的跨國性與全球性，跨國企業針對不同區域比較利益的差異，以國際性投資作為整合工具，將研發、製造、物流、行銷、服務結合在地的資源優勢，進行全球性的佈局。全球化與國際化促進產業快速變遷，使臺灣產業邁入低價格、低利潤的「微利時代」。這令很多人憂忡，但卻是不能逃避的事實。若能從顧客端發掘、創造顧客價值，將產品與服務的創新，就能有利於全球化激烈的競爭。

四、產業空洞化：臺灣經濟陷入困境，最主要的原因就是「產業空洞化」。有研究指出當我國每100元的外銷訂單，其中卻有53元在海外生產，不僅經濟成長趨緩，背後更是工作機會流失、低薪普遍化等問題，經濟成長果實大多由資本家拿走，一般民眾「看得到、吃不到」，導致所得分配不均持續惡化。若沒有研發、沒有創新，而有新創產業興起來帶動新興產業，產業空洞化是無奈的事實。

五、產品生命週期越來越短：每年增加新的產品變化，才會刺激消費者的購買慾，因此研發成關鍵：新創事業必須去面對產品的快速變遷，所以必須持續研發創新。

新創事業經營不只是企業與顧客間的關係維繫而已，還受到科技的環境、法律的環境、資源的環境……的影響。例如：在科技方面，全球的企業受到電子化、網路化的影響，在企業經營的效率上、交易的模式上都受到很大的改變，企業若未能在此波風潮上站穩腳步，很容易就被淘汰。同樣的道理，環保環境對企業的「殺傷力」也是很大的，例如：開始實施的汽、機車四期環保標準後，若相關的業者無法適時推出符合標準的產品，則無法在市面上販賣，勢必直接影響新創事業的生存；因此，企業亦必須隨時注意外在科技、環保、法律環境的改變，投入研發資源，努力地開發符合規定的產品。

新創事業研發之需要

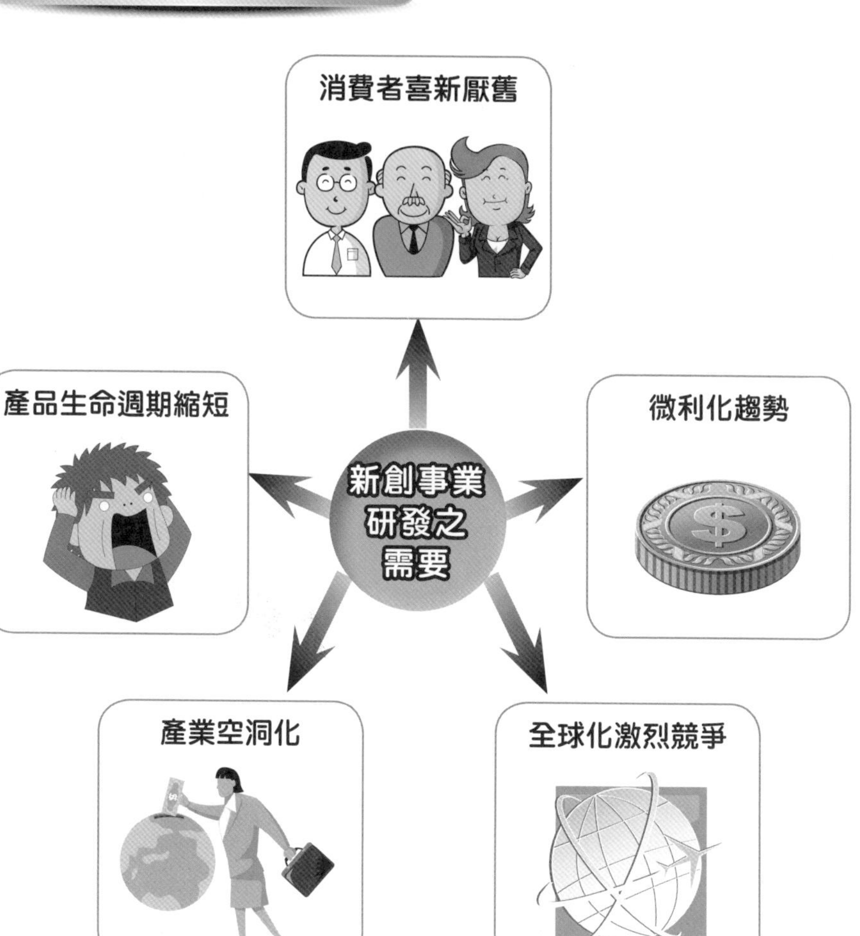

臺灣新藥研發公司泉盛生技，旗下的抗體新藥FB825，日前取得美國專利，讓泉盛繼羅氏藥廠之後，成為全球第二家擁有開發Anti-CemX抗體藥物，機會與專利的公司。泉盛的成功，絕大部分要歸功於，中研院特聘研究員張子文與旗下學生，共同研發出的新藥。提到張子文，生技界的人都知道他曾經靠著研發治療嚴重過敏性哮喘的藥物Xolair，為自己賺進將近38億新臺幣的財富，成為臺灣極少數靠研發新藥，賺進大筆財富的科學家。

Unit 6-2 新創事業為何需要持續研發創新(二)

六、維持與強化市場的競爭地位：新創事業的經營，有如「逆水行舟，不進則退」，當產業中其他企業的技術皆快速發展的時候，本企業若不能跟上腳步，自然很快地會被淘汰。同樣地，若本企業技術的成長速度，相對產業中的其他公司來得快速，則會取得更好的競爭優勢。這些技術往往可以表現在更低的生產成本、更快的生產速度、更好的品質、或更優良的功能，新創事業亦因此獲得更好的競爭地位。尤有甚者，企業的研發創新能力，往往以專利的形式呈現。而專利的意義為政府保護專利的擁有者，排除他人未經其同意而製造、販賣、使用或為上述目的而進口該物品之權（物品專利）或排除他人未經其同意而使用該方法及使用、販賣，或為上述目的而進口該方法直接製成物品之權（方法專利）。因此，擁有關鍵專利的新創事業，可有效排除競爭者的競爭，降低競爭的強度；或是提高進入障礙，築起進入的高牆，阻止潛在的進入者進入，以獨享超額的利潤。新創事業持續的成長與生存：企業從事研究發展可以擴展企業產品線的廣度與深度，或者為企業帶來新的產品或市場發展方向，接替或延續產品的生命週期，以保持新創事業的成長活動。

七、新創事業生存：新創事業從事研發，可以一代產品接續一代產品，為企業延續生命力，當上一代產品漸漸在市場上失寵時，第二代產品適時推出，接續第一代產品下墜的銷售額，而維繫企業的發展；同樣的道理，當第二代產品慢慢地在市場消失時，第三代產品就必須適時地推出，以接續下垂的營業額。由於沒有任何新創事業產品能夠永久的穩操勝算，沒有任何企業的產品能夠在現實的競爭中，可以不受到其他產品替代或不受市場淘汰。長期來看，研究與發展是公司最重要的競爭優勢之基礎，雖然研究與發展的投資不一定都能成功，但只要一成功，就可能成為企業競爭優勢，另一個重要的來源，沒有任何公司經得起因疏忽研究與發展所帶來的損失。回首臺灣經濟發展過程，有許多耀眼的明星產業，從早期鞋子、雨傘、球拍、自行車等等，到後來的電腦、滑鼠、主機板、晶圓，都是臺灣相當引以為傲的產業。臺灣兩千多萬人口的島嶼，製造了足以供應給全球市場的產品，其中很多產品的產量甚至高居全世界第一；這些產業到哪裡去了？如果沒有持續創新研發，最後只好追逐比較利益，到工資土地低廉的地方像逐水草而居的方式生產。永遠找不到根，而且稍不小心就可能覆亡，為什麼呢？因為沒有創新研發！

新創事業研發之需要

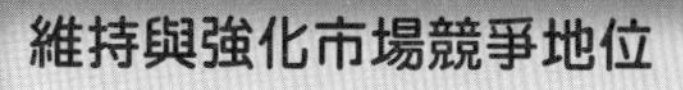

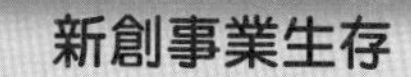

曾經全球第一的產業

Unit 6-3 新創事業轉型案例

新創事業生存的大環境，一旦有所變，新創事業自當轉型以對。而非坐以待斃，或逐漸凋零。所以新創事業的轉型，是必然的！以下提出驅動產業轉型的主要原因，主要有四方面：一、全球競爭激烈；二、微利化趨勢；三、新需求出現（全球新需求趨勢，如高齡化、智慧化）；四、網路化。

以下以上市公司順德工業為例，說明新創事業成立之後，會隨環境變化而轉型：

1953年順德工業由陳水錦創立，並以鉛筆刀為第一件產品，當時「順德製造所」的工廠，只是一間位於日本人宿舍後方加蓋的竹管厝，陳水錦帶著六名員工，就這麼展開創業之路。順德工業是一家走過一甲子的公司，也是臺灣五金加工產業發展的縮影。在民國30年代，臺灣沒有真正的鉛筆刀，窮苦人家只能用鐵片或柴刀來削鉛筆。順德創辦人發現他在日本所學的技術，正可用來做刀殼、刀柄。民國42年，陳水錦以積蓄3,000元，加上借來的6,000元，在一間不到10坪的竹造工廠，連同老婆、兒子、女兒六個人，就這麼創業了。儘管刀片可以進口，技術也不成問題，但其他金屬材料從哪裡來？創辦人想到空罐所產生的廢料（俗稱「下腳料」），沖壓成鉛筆刀的刀把、刀叉，刀片則用日本進口。

民國55年，順德在彰化大埔路，買了450坪土地來擴廠，並增購熱處理設備，靠著自行研發、組裝，完成自動化的送料系統。從沖壓、研磨、鉋光全都自己來，讓刀片真正國產化，不久就開始外銷，擴大市場規模。民國56年，順德製造所改組，更名為順德工業股份有限公司。為何改名順德？因為當時創辦人希望做人、做事，都要順著道德做，這就是公司取名「順德」的原因。隨著新廠的擴建，順德業績快速成長，一天的產量也暴增到二、三萬支。

順德第一次的創新轉型，是將沖壓及熱處理技術，運用到迴紋針、長尾夾、鋼珠圓規、圖釘、釘書機等文具。第二次的創新轉型，是發展導線架，並積極打入美國通用器材供應商的行列。這兩次的轉型成功，帶動公司營運規模快速成長。也因此在民國85年，順德成功在臺掛牌上市，民國86年並在江蘇設廠，正式成為橫跨兩岸的事業規模。近幾年公司更積極投入研發，並制定兩岸的分工策略，大陸主要以汽車、家電產業為主；臺灣則鎖定高階特殊用途產品，如類陶瓷複合材料的開發，抗光衰、耐腐蝕等，以滿足節能電器、電動車控制元件等需求。順德集團企圖在2018年，合併營收能達到200億元的目標。

驅動企業轉型主因

網路化
新需求出現
高齡化
智慧化
微利化趨勢
全球化
競爭激烈
$

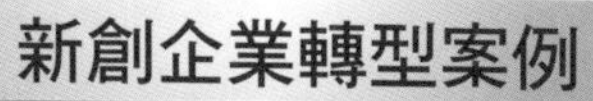

新創企業轉型案例

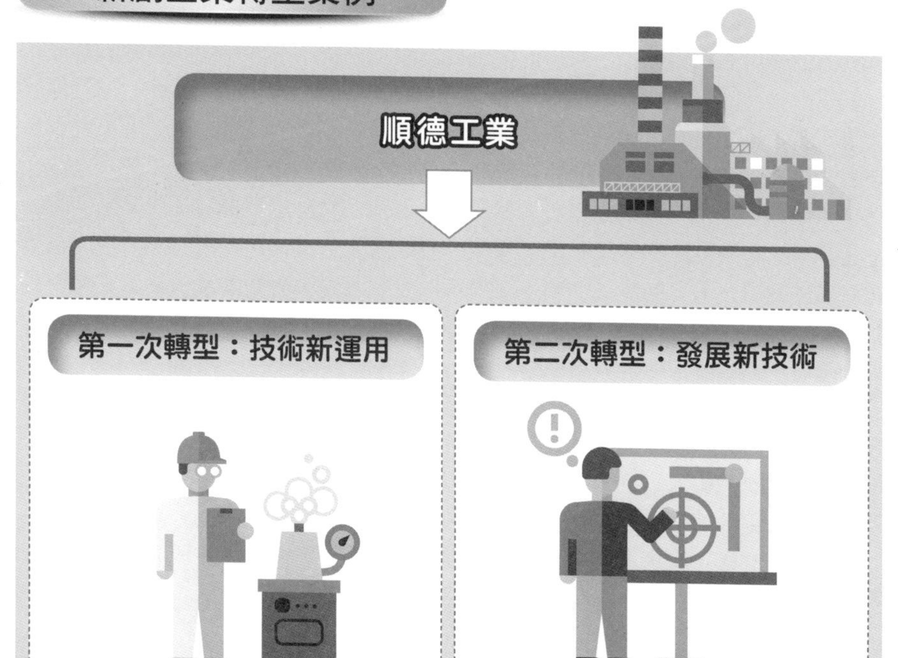

順德工業
第一次轉型：技術新運用
第二次轉型：發展新技術

Unit 6-4 研發創新是新創事業永續生存的關鍵

創新可以為組織帶來突破性的利益。

一、創新定義：維基百科MBA智庫(2009)指出：「創新(Innovation)」即創造新的事物。《廣雅》：「創，始也」；新，與舊相對。創新一詞出現很早，如《魏書》有「革弊創新」，《周書》中有「創新改舊」；在西方，Innovation源於拉丁語，原意有三：1. 更新替換原有的東西；2. 創造新的東西；3. 對原有的東西進行發展和改造。Jennings (2002)、Porter(1990)將組織創新定義為，「企業改變其經營思維、商業模式或是企業流程，並透過組織變革或轉型， 創造企業價值的過程」。近代創新觀念最早是由Schumpeter在1930年代所提出，透過創新，企業組織可使投資的資產再創造其價值高峰。創新一詞，在英文字面上的意義，具有「變革」(change)的意思，亦即將新的觀念或想法應用於技術、產品、服務等之上。Tang(1998)將創新定義為：「運用新點子以達有利目的的過程。」Robbins & Coulter(2002)則將創新定義為：「採用新點子，並將其轉化為有用的產品、服務或技術的過程。」而Certo（2003）亦將創新界定為：「採取有用的點子，轉化為有用的產品、服務或作業方法的過程。」研發創新是新創事業脫穎而出的關鍵。全美營收第二高的運動品牌，美國運動品牌UA (UNDER ARMOUR)，當時24歲的普朗克，用50萬臺幣創業，現在身價已經高達840億。普朗克原本只是個默默無名的球員，他每次練習都被吸滿汗水、黏在身上的棉質球衣搞得很不舒服，他決定自己設計，找出最適合運動員穿的排汗衣材質，就連內衣褲的都被拿來做實驗，終於在24歲創業，打造自己的品牌，並且靠著贊助大學球隊，打響名號。研發創新越快，就越能搶先上市的時間，搶先上市就等於搶到市場，就等於搶到金錢，更搶到新創事業的生存機會。

二、傳統「研發」指的是，針對某種產品類別，設計出更優質、更高階的產品。但是在產品生命週期縮短的趨勢下，產業核心能力，應擴大為「創新能力」。也就是並非固守在熟悉、舊有的產品範疇，而是可以產生源源不絕的創意，具備主導市場、改變市場的能力。特定產品的專業知識，會隨著時間而被淘汰，創新的DNA，卻可以長久存在企業組織當中，不容易被取代、不容易被模仿。

三、創新(Innovation)：以往每年收割期燃燒稻草，都會引發環保爭議。臺東市富豐社區阿美族人多數務農，2013年開始透過自組合作社組織，收集廢棄稻草編製草繩銷售。2014年成功銷往日本，為社區增加收入。以每公斤160元來說，經濟效益不小。目前臺灣每年平均出口五十貨櫃，六百五十公噸稻草繩到日本。

四、創新範疇：和競爭對手比起來，我們有多「創新」？那才構成了微笑曲線左方的競爭力。所以創新的範疇涵蓋：1. 技術應用創新；2. 商品創新；3. 流程創新；4. 組織創新；5. 行銷創新；6. 組織管理創新。

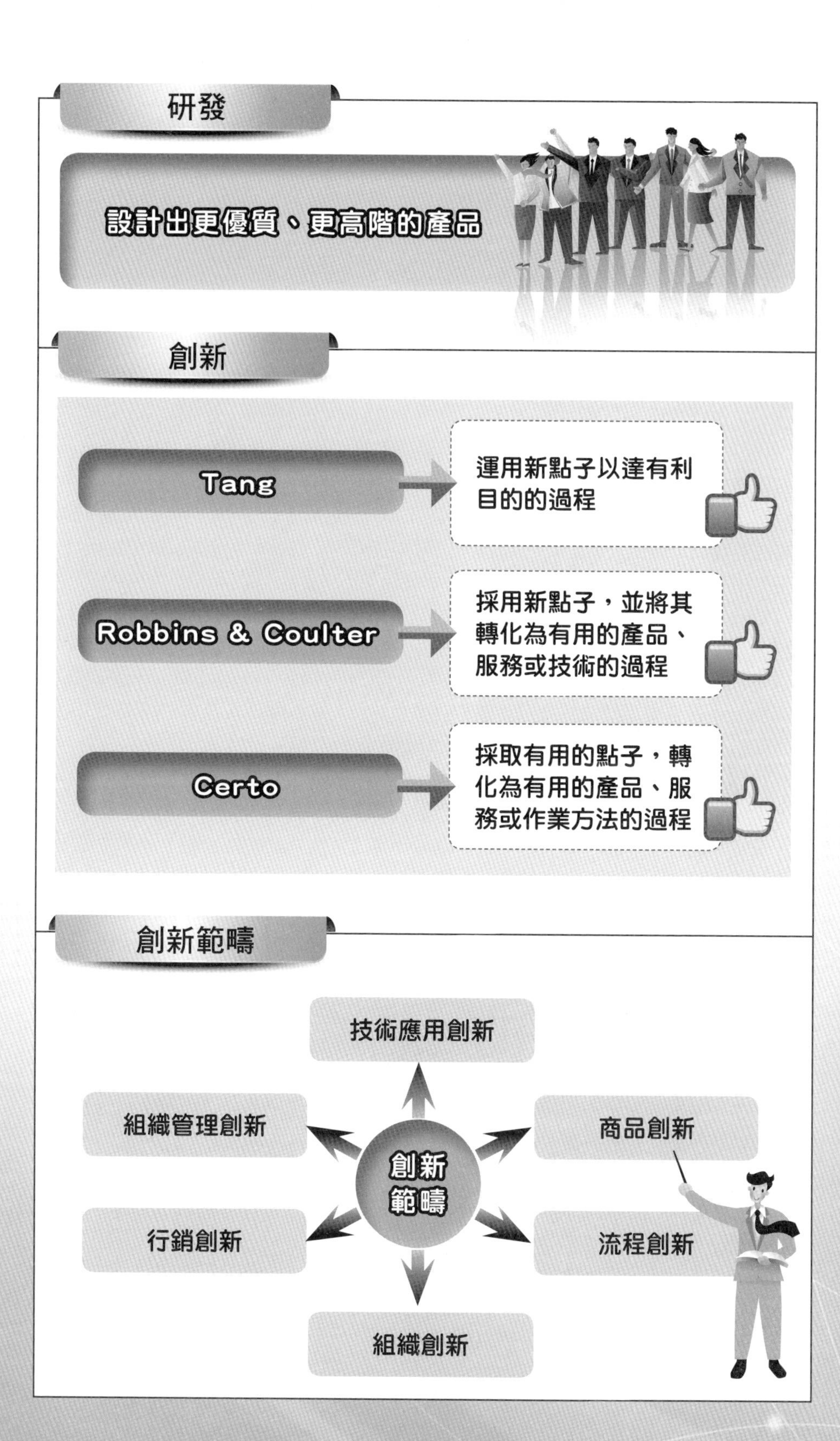
研發
設計出更優質、更高階的產品
創新
Tang
運用新點子以達有利目的的過程
Robbins & Coulter
採用新點子，並將其轉化為有用的產品、服務或技術的過程
Certo
採取有用的點子，轉化為有用的產品、服務或作業方法的過程
創新範疇
技術應用創新
組織管理創新
商品創新
創新範疇
行銷創新
流程創新
組織創新

Unit 6-5 研發創新種類

研發有助於新創事業品牌的建立。響亮的品牌，可提高附加價值，賺取超額利潤，來支撐後續不斷的產品研發，也支持行銷、通路的研發。那怕是夕陽產業，也只有投入研發、力拚轉型，夕陽產業才有機會再見朝陽。面對快速全球化及科技發展，產業的挑戰愈來愈大，以創新增加差異化及優勢，已是必然之路。

一、創新項目

(一)科技產品及流程：對公司而言，產品與製程創新包括已執行的技術上全新的產品與製程，以及有顯著技術改良的產品或製程。

(二)技術創新的產品：該產品在技術上的特性或用途，與之前的產品明顯不同。這種創新可能牽涉到徹底翻新的技術，也可能是將既有的技術與新的用途相結合，或者是應用新知識的結果。

(三)技術改良的產品將既有產品的性能予以顯著改良或提升。

(四)技術上的製程創新：在技術上採用全新，或是顯著改良過的生產方式，與產品運送方式。

二、創新分類：創新分為三大類，破壞式創新、維持性創新及效率創新。這三大類的創新，對於企業的興衰、經濟榮枯，有極重大的影響。

(一)破壞式創新：也稱為躍進式創新(Radical Innovation)，會對整個產業造成影響，尤其是破壞式的產品創新。就是把原來非常複雜、昂貴的產品，變得更簡單、好用、便宜、更普及。最明顯的例子就是電腦，第一代電腦是大型主機，非常複雜、昂貴，個人電腦的出現，讓更多人買得起電腦。

(二)維持性創新(Sustaining Innovation)：這種是常被創業者所採行的策略，就是以「改進創新」方式，尋找可能進入市場的機會，屬於漸進式的創新(Incremental Innovation)的一種，風險比較低，成功機會也比較大。例如：瑞士的鐘錶業者雖然首先開發出石英數字手錶，由於無法放棄現有機械式鐘錶龐大的市場規模，導致其將石英數字錶定位為高價的利基市場產品。當時日本精工社正苦於無法在機械式手錶與瑞士鐘錶業競爭，市場始終被侷限於日本島內。當精工社看到石英數字錶這項新產品以及其背後，潛在的龐大市場機會，就立即引進這項新技術，並在製程與產品設計上加以改進創新，然後將石英數字錶以新面貌出現在大眾產品市場，取代了大量的機械式鐘錶市場。

(三)效率創新(Efficiency Innovation)：用最有效率的方式、更低的成本，為既有顧客生產現有產品。

三種創新是相互連繫的，譬如，一般認為智慧型手機是筆記型電腦的破壞式創新。但是在智慧型手機的領域中，聯發科以高度模組化、大幅降低製造成本，讓更多人買得起智慧型手機，這又屬於效率創新。

創新

項目

科技產品及流程

技術創新的產品

製程

分類

破壞式創新

維持性創新

效率創新

市場創新

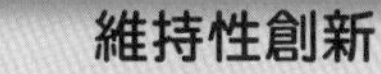

知識補充站

手機通訊

「G」就是「Generation」的意思。1G就是第1代通訊技術，2G就是第2代通訊技術，以此類推。而4G「LTE」是指「Long Term Evolution」，也就是「長期演進技術」的意思。1G-4G所代表的實質涵義是，在手機的使用上：

1G：只能提供語音通話；

2G：除了語音通話外，還可以傳文字簡訊、瀏覽部分網頁；

3G：除了上述的功能，尚可以傳多媒體簡訊、擁有行動上網功能；

4G：高速行動上網、高速傳輸，比3G快5到500倍！用一個生活化的例子來說明，若使用4G的網路，下載一部1G的電影（片長大概1小時30分鐘，HD），只需要大約90秒！

Unit 6-6 創新指標

創新的目的，就是要創造價值。這可藉由不斷刺激與激發創意及點子，然後再藉由資訊科技或各種技巧，將創意及點子予以具體化，進而創造出獨一無二的產品、技術、服務品質等。

一、技術與策略應用創新的觀察指標：1. 提升核心競爭力及創新資源投入之具體成效；2. 技術應用創新對結合在地文化、創造服務加值之貢獻度；3. 技術應用創新對強化服務模式與提升幸福指數之貢獻；4. 技術應用創新對運用科技美學及感動體驗服務之貢獻。策略應用創新的著名案例是：在二次世界大戰期間，美國空軍降落傘的合格率為99.9%。這就意味著從機率上來說，每一千個跳傘的士兵中，會有一個因為降落傘不合格而喪命。於是軍方要求廠家，必須讓合格率達到100%才行。但企業的負責人則說，他們竭盡全力了，99.9%已是極限，除非出現奇蹟。於是軍方就改變了檢查制度，每次交貨時，就從降落傘中，隨機挑出幾個，讓企業負責人親自跳傘，來檢測降落傘到底合不合格。從此，奇蹟出現了，降落傘的合格率，竟達到了百分之百，這項創新的策略，使美軍戰力得以保全。

二、商品創新的觀察指標：1. 商品創新對開創新興市場之差異性、獨特性及創意性；2. 商品創新在科技運用、功能、系統或操作介面之成效；3. 商品創新對國內外市場經營，與品牌形象營造之貢獻度；4. 商品創新對運用多元創新思維，提升有感服務之貢獻度。舉例來說，工研院研發出的紙喇叭（或稱可撓式超薄揚聲器flexible speaker），該項研發於2009年《華爾街日報》舉辦的全球科技創新獎(Technology Innovation Awards)，擊敗惠普、摩托羅拉等國際大廠，獲得消費性電子類首獎；隨後又得到德國紅點(Red dot design award)的創意大獎，可說是兼具前瞻與創意的產品。更重要的是音響效果極佳、價格又便宜。

三、流程創新的觀察指標：1. 流程創新對新商品品質及服務模式轉變差異之關鍵性；2. 流程創新對經營管理效率精進及服務加值成效之貢獻；3. 流程創新對提升能源節約及改善商品品質之具體貢獻；4. 流程創新對國民生活品質與在地關懷提升之具體貢獻。

四、組織創新的觀察指標：1. 組織創新對單位創新環境及獎勵機制建置之具體貢獻；2. 組織創新對單位營運模式及產業價值重整之具體貢獻；3. 組織創新對推動關聯產業、價值鏈整合成效之具體貢獻；4. 組織創新對驅動服務資源整合及特色商品之具體貢獻。

五、行銷創新：1. 行銷創新對經營策略及新服務模式之獨特性及影響性；2. 行銷創新對新興市場通路拓展之運作機制及具體成效；3. 行銷創新對創造品牌影響力及促進產業投資之影響性；4. 行銷創新對客服滿意度及新市場經營成效之具體貢獻；5. 社會責任履行績效。

六、組織管理創新：組織在制度面，可促成最有利於創新的因素。

技術創新觀察指標

提升競爭力及創新資源投入之具體成效

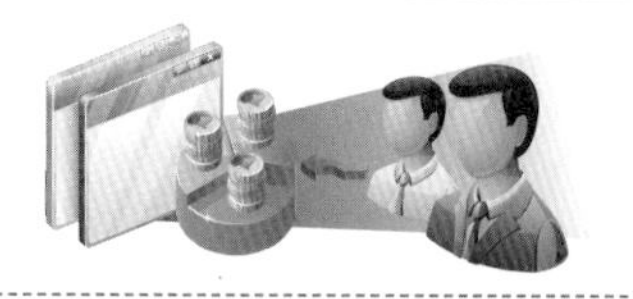

結合在地文化，創造服務加值之貢獻度

提升幸福指數之貢獻

運用科技美學及動感體驗服務之貢獻

商品創新之觀察指標

1. 開創新興市場之差異性、獨特性及創意性
2. 在科技運用、功能或操作介面之成效
3. 對國內外市場經營及品牌形象營造之貢獻度
4. 對運用多元創新思維，提升有感服務之貢獻度

知識補充站

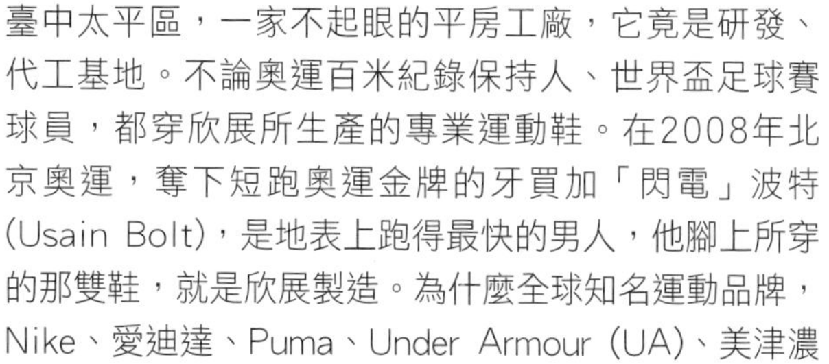

為什麼運動鞋要找欣展？

臺中太平區，一家不起眼的平房工廠，它竟是研發、代工基地。不論奧運百米紀錄保持人、世界盃足球賽球員，都穿欣展所生產的專業運動鞋。在2008年北京奧運，奪下短跑奧運金牌的牙買加「閃電」波特(Usain Bolt)，是地表上跑得最快的男人，他腳上所穿的那雙鞋，就是欣展製造。為什麼全球知名運動品牌，Nike、愛迪達、Puma、Under Armour (UA)、美津濃(Mizuno)運動鞋，都要找欣展？因為這家公司從簡單的產品開始，不斷靠創新、研發，往難度高的市場移動，這也造就欣展在一線品牌廠眼中的地位。

Unit 6-7 服務創新(Service innovation)

服務創新可增加顧客的便利性，創造更多潛在價值，獲取更高的顧客忠誠。服務業成長的源頭，一是資訊科技的進步，二是創新，三是人口組成變化。

一、服務：依據美國行銷協會(American Marketing Association, AMA)在1960年對服務下了以下的定義，「用以直接銷售或配合貨品銷售，所提供的各種活動、利益與滿足」。

二、服務特性：服務具備四大特性。

(一)無形性(Intangibility)：服務在產生的程序中，會伴隨著許多其他實體設備或機器工具，如產品的試用。但服務本身卻不是看得見的有形商品。

(二)易逝性(Perishability)：服務無實質形體，當顧客存在時才會發生，顧客消失時，也跟著消逝。

(三)異質性(Heterogeneity)：雖可以設立服務的標準化流程，但因著認知、地點、時間，或顧客感受的差異，以及在傳遞的過程中，無可避免地牽涉到人為（情緒）的因素，也使得服務不易維持一致的品質。

(四)不可分割性(Inseparability)：服務的產生與交易是同時發生的。

三、服務創新的重要性：1. 服務業的GDP占臺灣總GDP的七成，就業人口亦占了六成；2. 世界上，任何事物都會變，顧客的需求，更是千變萬化！昨天顧客需要的，今天未必需要，今天顧客喜愛的，明天未必一樣。創新服務卻可以為產業，滿足更多顧客的需求。所以服務不能一成不變，守舊、呆板，唯有不斷使服務創新，才能提供更新穎、更高品質的服務，以滿足差異化需求。

四、服務創新的魅力：服務是一種互動的過程，「人」是活動過程中，最大的變數。服務創新的目的在於：1. 維護或提升創新形象，滿足顧客不一樣的感受；2. 增加顧客附加價值；3. 贏得顧客的信任；4. 吸引更多的顧客；5. 回應競爭者的新服務；6. 節省成本、提升獲利。一樣產品花在生產端的價值大概只有20%，其他80%大多發生在出廠後。事實上，服務才是產業獲利的引擎。

五、服務創新的構面：服務創新基本有五大構面：1. 新服務(New Service)；2. 新客戶界面(New Client Interface)；3. 新服務傳送體系(New Service Delivery System)；4. 技術選擇(Technological Options)；5. 商業組織 (Business Organization)。

六、服務創新的運用：不論哪個產業，都可以運用服務創新。其方式為：1. 把你的事業視為服務業，差異化你的商品；2. 邀請顧客共同創新，打造更優質的顧客體驗；3. 強化服務，提升專業化，提供更多產品選項；4. 轉變商業模式，整合內外活動，建立開放平臺。

服務

意義

美國行銷學會

「用以直接銷售、或配合貨品銷售，所提供的各種活動、利益與滿足。」

特性

服務創新五大構面

新服務

商業組織

新客戶界面

技術選擇

新服務傳送體系

Unit 6-8 研發創新不可忽略的細節——研發設計紀錄簿

創新與研發，同為產品開發的兩大引擎。辛苦的設計研發，如果智慧財產權被竊，對於新創事業將是嚴重打擊。為保護此成果，設計紀錄簿不可缺！

一、設計研發紀錄簿：是設計與研發工作過程中，各種靈感、初步構想、計算、討論摘要、訪談內容及心得和結果的結晶。

二、設計研發紀錄簿的功能：避免設計人員離職（或變動），造成設計延宕的遺憾；保護智慧財產權。

三、設計研發紀錄簿格式：設計研發紀錄簿格式無特殊規定，但至少應包括「公司名稱」、「部門名稱」、「領用時間」、「歸檔時間」、「紀錄簿編號」、「頁碼」、「記載人簽名」、「見證人簽名」等各欄。工作有關任何事項，諸如實驗紀錄、維修紀錄、會議摘要、必要之圖表、相片或數據、長官指示、工作計畫、參觀訪問紀錄，以及個人心得、發現、創意等，均可記載。

四、設計研發紀錄簿的記錄時間：設計研發紀錄簿應即時填寫，撰寫頻率一週不應低於一次。負責主管應於每日或每星期，定期檢視團隊成員進度，查看是否有確實按照原先的設計方向和目標進行。

五、設計研發紀錄簿的記錄方式：1. 設計研發紀錄簿應逐頁編碼；2. 每頁應填寫專案代號，紀錄人姓名及時間日期；3. 應使用能永久保存的書寫工具，原子筆、鋼筆、簽字筆，避免使用鉛筆；4. 應注重清楚、明瞭，並加上簡單的說明和結論，以利後續的工作者可以繼續工作；5. 切勿在紙上撰寫後，再黏貼於紀錄簿上；如果必須黏貼電腦輸出文件、照片、圖及表格等時，須在接縫處簽上姓名和見證；6. 設計紀錄簿不得撕毀，紀錄錯誤的地方，也切勿擦掉、塗改，應以線條劃掉，或用修正液塗掉，並簽上姓名及日期。

六、見證時機：1. 定期送請主管或見證人見證；2. 遇有重大發現、發明、心得或創意等，應即送請見證；3. 重大發現或發明，最好有兩人以上見證；必要時應將有關之設計（或實驗），在見證人面前重作一次。

七、保密：1. 設計研發紀錄簿非經主管許可，不得攜離工作場所；2. 研發紀錄簿非經主管許可，不得對外揭露記載內容；3. 未經許可，不得擅自翻閱他人，設計研發紀錄簿。

八、離職，應將設計研發紀錄簿，繳回研發紀錄簿管理單位。

設計研發紀錄簿

設計研發紀錄簿

功能

- 避免設計延宕
- 保護智財權

格式

- 公司名稱
- 部門名稱
- 領用時間
- 歸檔名稱
- 紀錄簿編號
- 頁碼
- 記載人簽名
- 見證人簽名

見證時機

- 定期送主管或見證人見證
- 遇重大發現、發明、心得或創意

保密

- 不得帶離工作場所
- 非經主管許可，不得對外揭露
- 不得擅自翻閱他人之紀錄簿

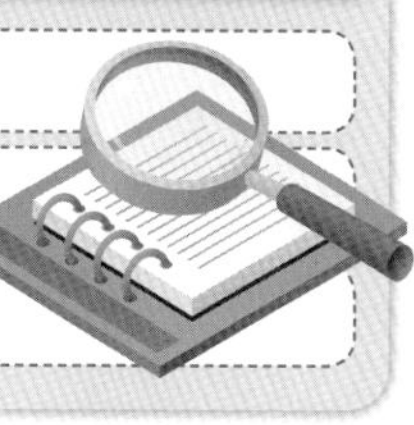

第 7 章

創業必須懂法、遵法

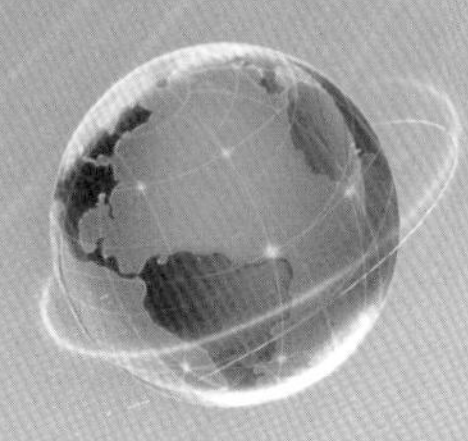

章節體系架構 

Unit 7-1 創業應遵循公司法

公司登記設立是新創事業的初始，事業的成功需嚴謹且符合法律，稍有不慎即易陷入法律爭訟中，即使能脫身也耗費了許多時間金錢，耽誤了事業發展的機會。

一、公司負責人：在無限公司、兩合公司，公司負責人為執行業務或代表公司之股東；在有限公司、股份有限公司，公司負責人為董事。公司之經理人或清算人，股份有限公司之發起人、監察人、檢查人、重整人或重整監督人，在執行職務範圍內，亦為公司負責人。公開發行股票之公司之非董事，而實質上執行董事業務，或實質控制公司之人事、財務或業務經營，而實質指揮董事執行業務者，則與本法董事同負民事、刑事及行政罰之責任。

二、主管機關：本法所稱主管機關，在中央為經濟部；在直轄市為直轄市政府。

三、公司成立要件：公司非在中央主管機關登記後，不得成立。

四、應收股款股東未實際繳納之處罰：公司應收之股款，股東並未實際繳納，而以申請文件表明收足，或股東雖已繳納，而於登記後將股款發還股東，或任由股東收回者，公司負責人各處五年以下有期徒刑、拘役、或科（或併科）新臺幣五十萬元以上二百五十萬元以下罰金。有前項情事時，公司負責人應與各該股東連帶賠償公司或第三人因此所受之損害。

五、命令解散：公司有下列情事之一者，主管機關得依職權或利害關係人之申請，命令解散之。1. 公司設立登記後六個月尚未開始營業者。但已辦妥延展登記者，不在此限。2. 開始營業後，自行停止營業六個月以上者。但已辦妥停業登記者，不在此限。3. 公司名稱經法院判決，確定不得使用，公司於判決確定後六個月內，尚未辦妥名稱變更登記，並經主管機關令其限期辦理仍未辦妥。

六、裁定解散：公司之經營有顯著困難或重大損害時，法院得據股東之聲請，於徵詢主管機關及目的事業中央主管機關意見，並通知公司提出答辯後，裁定解散。前項聲請在股份有限公司，應有繼續六個月以上，持有已發行股份總數百分之十以上股份之股東提出之。

七、員工酬勞：要求公司於有盈餘時，除彌補虧損外，要給付定額或依盈餘的一定比例給員工作為員工酬勞，至於金額或比例並無明確規定，由各公司視其狀況訂定。

八、未登記而營業之限制：未經設立登記，不得以公司名義經營業務或為其他法律行為。違反前項規定者，行為人處一年以下有期徒刑、拘役、或科（或併科）新臺幣十五萬元以下罰金，並自負民事責任；行為人有二人以上者，連帶負民事責任，並由主管機關禁止其使用公司名稱。

九、貸款之限制：公司之資金，除有下列各款情形外，不得貸予股東或任何他人。1. 公司間或與行號間有業務往來者。2. 公司間或與行號間有短期融通資金之必要者。融資金額不得超過貸予企業淨值的百分之四十。公司負責人違反前項規定時，應與借用人連帶負返還責任；如公司受有損害者，亦應由其負損害賠償責任。

創業應遵守公司法

公司負責人

無限公司、兩合公司	⇨	股東發起人、監察人
股票上市公司	⇨	實質指揮董事執行業務者

主管機關

中央	⇨	經濟部
直轄市	⇨	市政府

公司解散

- 公司登記後六個月，尚未開始營業
- 停止營業達六個月以上
- 經法院判決公司名稱不得使用，判決後六個月，尚未辦妥新名稱登記

貸款限制

- 除公司間有業務往來
- 除公司間有短期融資必要
- 其餘不可貸予股東或任何他人

知識補充站

就公司型態而言，一般不建議創業者採用無限公司或兩合公司，因為股東可能有須負財產無限責任的情形，風險太大，至於有限公司與股份有限公司，則優劣互見，例如有限公司設立較易、組織較單純、資本額要求也較低（新臺幣50萬元即可）。然而要採用何種公司型態，並沒有什麼好壞之分，端看創業者的需求而定。

Unit 7-2 股東會應遵循公司法

一、股東會種類與召集期限：股東會分二種：1. 股東常會，每年至少召集一次。2.股東臨時會，於必要時召集之。前項股東常會應於每會計年度終了後六個月內召開。但有正當事由經報請主管機關核准者，不在此限。代表公司之董事違反前項，召開期限之規定者，處新臺幣一萬元以上五萬元以下罰鍰。

二、股東會之召集：股東會除本法另有規定外，由董事會召集之。

三、股東會召集之程序：股東常會之召集，應於二十日前通知各股東，對於持有無記名股票者，應於三十日前公告之。股東臨時會之召集，應於十日前通知各股東，對於持有無記名股票者，應於十五日前公告之。公開發行股票之公司股東常會之召集，應於三十日前通知各股東，對於持有無記名股票者，應於四十五日前公告之；公開發行股票之公司股東臨時會之召集，應於十五日前通知各股東，對於持有無記名股票者，應於三十日前公告之。通知及公告應載明召集事由。改選董事、監察人、變更章程、公司解散、合併、分割或第一百八十五條第一項各款之事項，應在召集事由中列舉，不得以臨時動議提出。

代表公司之董事，違反第一項、第二項或第三項通知期限之規定者，處新臺幣一萬元以上五萬元以下罰鍰。

四、少數股東請求召集：繼續一年以上，持有已發行股份總數百分之三以上股份之股東，得以書面記明提議事項及理由，請求董事會召集股東臨時會。前項請求提出後十五日內，董事會不為召集之通知時，股東得報經主管機關許可自行召集。依前二項規定召集之股東臨時會，為調查公司業務及財產狀況得選任檢查人。董事因股份轉讓或其他理由，致董事會不為召集或不能召集股東會時，得由持有已發行股份總數百分之三以上股份之股東，報經主管機關許可自行召集。

五、決議方法：股東會之決議，除本法另有規定外，應有代表已發行股份總數過半數股東之出席，以出席股東表決權過半數之同意行之。

六、營業政策重大變更：公司三種行為：1. 締結、變更或終止關於出租全部營業，委託經營或與他人經常共同經營之契約。2. 讓與全部或主要部分之營業或財產。3. 受讓他人全部營業或財產，對公司營運有重大影響者。應有代表已發行股份總數三分之二以上，股東出席之股東會，以出席股東表決權過半數之同意行之。

七、股利之分派：公司非彌補虧損及依本法規定提出法定盈餘公積後，不得分派股息及紅利。公司無盈餘時，不得分派股息及紅利。但法定盈餘公積，已超過實收資本額百分之五十時，得以其超過部分派充股息及紅利。公司負責人違反第一項或前項規定分派股息及紅利時，各處一年以下有期徒刑、拘役或科或併科新臺幣六萬元以下罰金。

股東會

種類

股東常會

股東臨時會

召集程序

股東常會前二十日，應通知股東

股東臨時會，應於十日前通知股東

少數股東請求召集

持有3%以上的股東，得以書面請求召開股東臨時會

營業政策重大變更

締結、變更或終止關於全部營業

讓與全部或主要資產

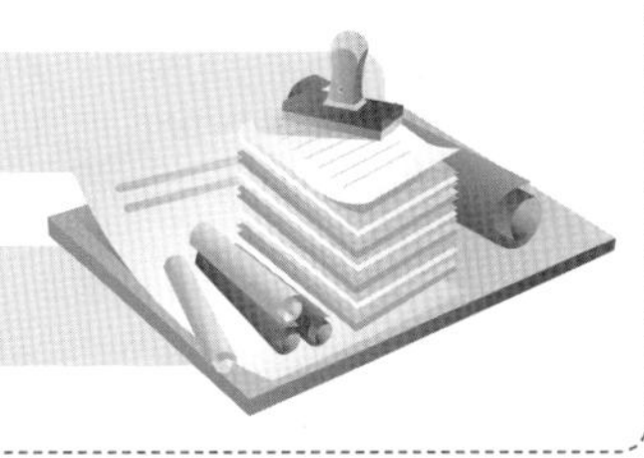

Unit 7-3 董事及董事會應遵循公司法

一、董事之選任：公司董事會設置董事不得少於三人，由股東會就有行為能力之人選任之。公開發行股票之公司依前項選任之董事，其全體董事合計持股比例，證券管理機關另有規定者，從其規定。民法第八十五條之規定，對於前項行為能力不適用之。公司與董事間之關係，除本法另有規定外，依民法關於委任之規定。第三十條之規定，對董事準用之。

二、董事之責任：董事會執行業務，應依照法令章程及股東會之決議。董事會之決議，違反前項規定致公司受損害時，參與決議之董事，對於公司負賠償之責。但經表示異議之董事，有紀錄或書面聲明可證者，免其責任。

三、股東制止請求權：董事會決議，為違反法令或章程之行為時，繼續一年以上持有股份之股東，得請求董事會停止其行為。

四、董事會職權：公司業務之執行，除本法或章程規定應由股東會決議之事項外，均應由董事會決議行之。

五、董事會召集程序：董事會由董事長召集之。但每屆第一次董事會，由所得選票代表選舉權最多之董事召集之。每屆第一次董事會應於改選後十五日內召開之。但董事係於上屆董事任滿前改選，並決議自任期屆滿時解任者，應於上屆董事任滿後十五日內召開之。董事係於上屆董事任期屆滿前改選，並經決議自任期屆滿時解任者，其董事長、副董事長、常務董事之改選得於任期屆滿前為之，不受前項之限制。第一次董事會之召集，出席之董事未達選舉常務董事或董事長之最低出席人數時，原召集人應於十五日內繼續召集，並得適用第二百零六條之決議方法選舉之。得選票代表選舉權最多之董事，未在第二項或前項限期內召集董事會時，得由五分之一以上當選之董事報經主管機關許可，自行召集之。

六、召集通知：董事會之召集，應載明事由，於七日前，通知各董事及監察人。但有緊急情事時，得隨時召集之。

七、董事會決議：董事會之決議，除本法另有規定外，應有過半數董事之出席，出席董事過半數之同意行之。第一百七十八條、第一百八十條第二項之規定，於前項之決議準用之。

八、議事錄：董事會之議事應作成議事錄。前項議事錄準用第一百八十三條之規定。

九、董事長及常務董事：董事會未設常務董事者，應由三分之二以上董事之出席，及出席董事過半數之同意，互選一人為董事長，並得依章程規定，以同一方式互選一人為副董事長。董事會設有常務董事者，其常務董事依前項選舉方式互選之，名額至少三人，最多不得超過董事人數三分之一。董事長或副董事長由常務董事依前項選舉方式互選之。

公司法

公司法

董事之選任

公司董事會，董事不得少於三人

董事之責任

應依照法令章程及股東會決議

違反董事會決議，造成損害者，應負賠償之責

董事會召集通知

七日前，應通知各董事及監察人

董事長及常務董事

未設常務董事者，應由2/3以上董事出席，選一人為董事長，並以同一方式選出副董事長

知識補充站

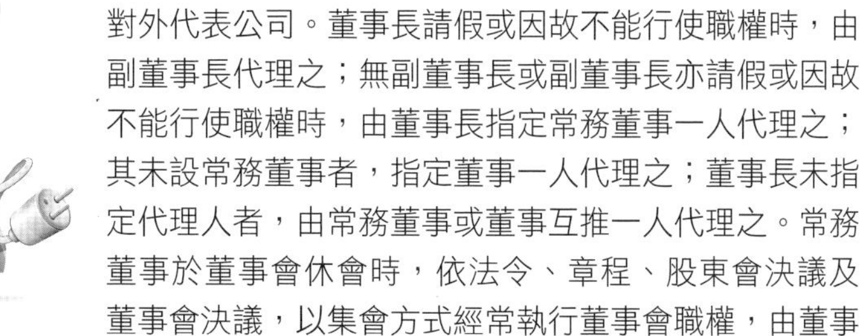

董事長對內為股東會、董事會及常務董事會主席，對外代表公司。董事長請假或因故不能行使職權時，由副董事長代理之；無副董事長或副董事長亦請假或因故不能行使職權時，由董事長指定常務董事一人代理之；其未設常務董事者，指定董事一人代理之；董事長未指定代理人者，由常務董事或董事互推一人代理之。常務董事於董事會休會時，依法令、章程、股東會決議及董事會決議，以集會方式經常執行董事會職權，由董事長隨時召集，以半數以上常務董事之出席，及出席過半數之決議行之。第五十七條及第五十八條對於代表公司之董事準用之。

Unit 7-4 會計與公司債應遵循公司法

一、會計表冊之編造：每會計年度終了，董事會應編造下列表冊，於股東常會開會三十日前交監察人查核：1. 營業報告書。2. 財務報表。3. 盈餘分派或虧損撥補之議案。前項表冊，應依中央主管機關規定之規章編造。第一項表冊，監察人得請求董事會提前交付查核。

二、會計表冊之承認與分發：董事會應將其所造具之各項表冊，提出於股東常會請求承認，經股東常會承認後，董事會應將財務報表及盈餘分派或虧損撥補之決議，分發各股東。公開發行股票之公司對於持有記名股票未滿一千股之股東，前項財務報表及盈餘分派或虧損撥補決議之分發各股東，得以公告方式為之。

三、募集公司債：公司經董事會決議後，得募集公司債。但須將募集公司債之原因及有關事項報告股東會。

四、公司債之審核事項：公司發行公司債時，應載明下列事項，向證券管理機關辦理之：1. 公司名稱；2. 公司債總額及債券每張之金額；3. 公司債之利率；4. 公司債償還方法及期限；5. 償還公司債款之籌集計畫及保管方法；6. 公司債募得價款之用途及運用計畫；7. 前已募集公司債者，其未償還之數額；8. 公司債發行價格或最低價格；9. 公司股份總數與已發行股份總數及其金額；10. 公司現有全部資產，減去全部負債及無形資產後之餘額。11. 證券管理機關規定之財務報表；12. 公司債權人之受託人名稱及其約定事項；13. 代收款項之銀行或郵局名稱及地址；14. 有承銷或代銷機構者，其名稱及約定事項；15. 有發行擔保者，其種類、名稱及證明文件；16. 有發行保證人者，其名稱及證明文件；17. 對於前已發行之公司債或其他債務，曾有違約或遲延支付本息之事實或現況；18. 可轉換股份者，其轉換辦法；19. 附認股權者，其認購辦法；20. 董事會之議事錄；21. 公司債其他發行事項，或證券管理機關規定之其他事項。

五、無擔保公司債發行之禁止：公司有下列情形之一者，不得發行無擔保公司債：1. 對於前已發行之公司債或其他債務，曾有違約或遲延支付本息之事實已了結者；2. 最近三年或開業不及三年之開業年度課稅後之平均淨利，未達原定發行之公司債應負擔年息總額之百分之一百五十者。

六、公司債款變更用途之處罰：公司募集公司債款後，未經申請核准變更，而用於規定事項以外者，處公司負責人一年以下有期徒刑、拘役或科或併科新臺幣六萬元以下罰金，如公司因此受有損害時，對於公司並負賠償責任。

會計表冊之編造

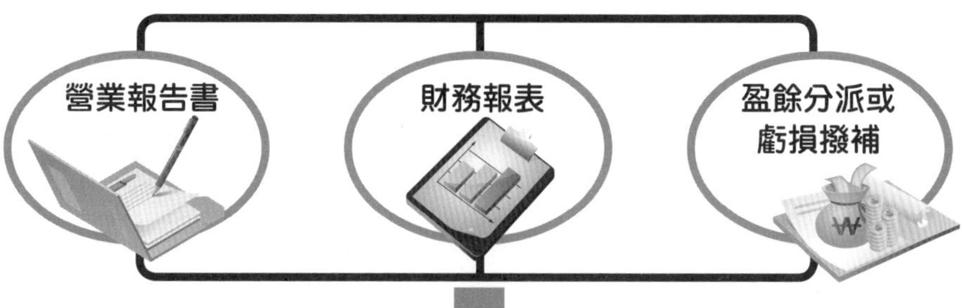

會計年度終了前，應編此三類表冊

公司債之審核事項

1. 公司名稱；
2. 公司債總額及債券每張之金額；
3. 公司債之利率；
4. 公司債償還方法及期限；
5. 償還公司債款之籌集計畫及保管方法；
6. 公司債募得價款之用途及運用計畫；
7. 前已募集公司債者，其未償還之數額；
8. 公司債發行價格或最低價格；
9. 公司股份總數與已發行股份總數及其金額；
10. 公司現有全部資產，減去全部負債及無形資產後之餘額。
11. 證券管理機關規定之財務報表；
12. 公司債權人之受託人名稱及其約定事項；
13. 代收款項之銀行或郵局名稱及地址；
14. 有承銷或代銷機構者，其名稱及約定事項；
15. 有發行擔保者，其種類、名稱及證明文件；
16. 有發行保證人者，其名稱及證明文件；
17. 對於前已發行之公司債或其他債務，曾有違約或遲延支付本息之事實或現況；
18. 可轉換股份者，其轉換辦法；
19. 附認股權者，其認購辦法；
20. 董事會之議事錄；
21. 公司債其他發行事項，或證券管理機關規定之其他事項。

Unit 7-5 招募之相關法律

法律是道德的最低標準，但卻是新創事業一定要遵守的。企業人資部門在招募、任用、甄選人才時，在過程中將涉及多項不同法令，這包括勞動基準法、個人資料保護法、就業服務法、營業秘密法、性別工作平等法等。在招募上，所應恪遵的根據是，民國101年11月28日公布的就業服務法的規定（第五條），雇主招募或僱用員工，不得有下列情事：

一、為不實之廣告或揭示。

二、違反求職人或員工之意思，留置其國民身分證、工作憑證或其他證明文件，或要求提供非屬就業所需之隱私資料。

三、扣留求職人或員工財物或收取保證金。

四、指派求職人或員工從事違背公共秩序或善良風俗之工作。

五、辦理聘僱外國人之申請許可、招募、引進或管理事項，提供不實資料或健康檢查檢體。

此外，也不可以有就業歧視，根據就業服務法規定：「為保障國民就業機會平等，雇主對求職人或所僱用員工，不得以種族、階級、語言、思想、宗教、黨派、籍貫、性別、婚姻、容貌、五官、身心障礙或以往工會會員身分為由，予以歧視。」

一旦違反前開規定時，依據同法第六十五條第一項規定：「違反第五條第一項…者，處新臺幣三十萬元以上一百五十萬元以下罰鍰。」其處罰可說是相當嚴重。因此，公司企業在招聘新進人員時，必須謹慎以對，以免遭到重罰。

常見的就業歧視違規類型，如以下六項：

(一) 女性空服員身高需160公分以上。

(二) 儲備幹部限國立大學或海外留學畢業生。

(三) 展場模特兒需年輕貌美。

(四) 賣場清潔人員限女性，並需具備中華民國身分證。

(五) 補習班外語教師限於外國土生土長者。

(六) 正常工作者必須是應屆畢業生且役畢。

以前述第一項航空公司招募空服員的例子來說，限制身高其實並非單純出於對外型容貌的考慮，而是因為空服員的工作，通常包括協助乘客，將手提行李置於機艙頂部的行李箱；若身高未達一定高度，恐怕難以進行。因此，若將應徵標準從身高改為「是否能單獨將一定重量行李置入機艙行李箱」，或甚至「舉手是否能達到機艙行李箱高度」，此種標準將會與「工作能力」產生連結，即可避免被認定為構成就業歧視之風險。

招募相關法律

① 不得有不實廣告

② 留置國民身分證、工作憑證

③ 扣留求職人財物或收取保證金

④ 辦理聘僱外國人之申請許可、招募、引進或管理事項，提供不實資料或健康檢查檢體

就業服務法規定

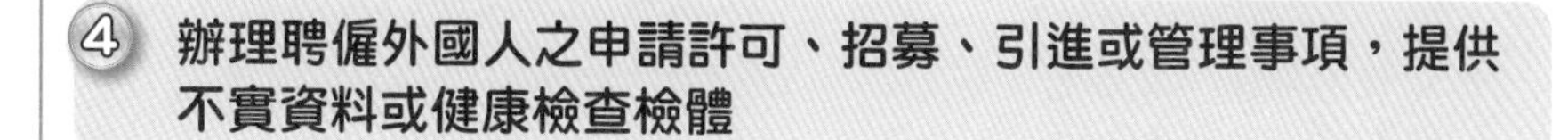

知識補充站

實務上曾經發生，保全公司在招聘保全人員時，限制應徵資格為「男性」、「四十歲以下」，因而被主管機關認定，同時構成對「性別」、「年齡」的就業歧視並遭重罰。保全公司雖然抗辯女性先天條件，無力從事保全護衛工作，並主張四十歲以上男性體能，通常未達保全人員的要求，但主管機關仍然認為，雇主只能從申請者個別條件予以衡量，不能一開始就以性別和年齡，作為篩選的標準。新創事業者創業資金本來就有限，若因此被重罰，不但資金損失，團隊心情與士氣，必然受到重創。

Unit 7-6 誇大不實廣告——違法

行銷必然涉及廣告，你知道用經過修圖來表現牙膏美白效果的不實廣告，要付出多少代價？答案是：3,000萬臺幣。由藝人小S（徐熙娣）代言的美國佳潔士雙效炫白牙膏廣告，因廣告誇大不實，2014年遭上海工商局重罰603萬人民幣（約3,015萬臺幣），創下大陸廣告不實罰款最高紀錄。在創業者急於成功的情況下，有可能違反相關法律，輕則罰款，重則有牢獄之災。2009年於網路上出現具醫療效能的「蜂膠牙膏」，能「殺菌、消炎與增進細胞組織再生，並強化牙齦……」等詞句，結果遭裁處60萬元罰鍰；高雄市查獲「純天然植物」染髮劑，卻含化學染劑，被衛生單位依法裁罰10萬元以下罰款，甚至吃上刑事官司。曾屢獲「全國消費者金字招牌」等獎項、打著正統客家味，在地經營25年的中壢知名劉媽媽菜包店及天津蔥抓餅，新聞媒體指出因違反相關法律，依法開罰300萬元。300萬元罰鍰對於新創事業來說，屬重大打擊！不實廣告涉及到我國四大類的相關法律，並可能構成刑法上之詐欺罪及常業詐欺罪，另依消費者保護法及公平交易法負民事賠償責任，如果廣告品為食品、健康食品或化妝品，則另有行政罰鍰之處罰。

一、刑法：首先，若意圖為自己或第三人不法之所有，以詐術使人陷於錯誤而為財產之交付，乃構成刑法上的詐欺罪。如果廣告太誇張，實際上無其廣告之效果，則可能觸犯詐欺罪，甚至常業詐欺罪。

二、公平交易法（公平法）：第二十一條規定：「事業不得在商品或其廣告上，或以其他使公眾得知之方法，對於商品之價格、數量、品質、內容、製造方法、製造日期、有效期限、使用方法、用途、原產地、製造者、製造地、加工者、加工地等，為虛偽不實或引人錯誤之表示或表徵。」「廣告代理業在明知或可得知情形下，仍製作或設計有引人錯誤之廣告，與廣告主負連帶損害賠償責任。廣告媒體業在明知或可得知其所傳播或刊載之廣告有引人錯誤之虞，仍予傳播或刊載，亦與廣告主負連帶損害賠償責任。」此外，**食品衛生管理法**第十九條規定：「對於食品、食品添加物或食品用洗潔劑所為之標示、宣傳或廣告，不得有不實誇張或易生誤解之情形。食品不得為醫療效能之標示、宣傳或廣告。」

三、醫療法：醫療法第八十六條規定，醫療廣告不得以下列方式為之：1. 假借他人名義為宣傳；2. 利用出售或贈與醫療刊物為宣傳；3. 以公開祖傳秘方或公開答問為宣傳；4. 摘錄醫學刊物內容為宣傳；5. 藉採訪或報導為宣傳；6. 與違反前條規定內容之廣告聯合或並排為宣傳；7. 以其他不正當方式為宣傳。

四、消費者保護法：第二十二條規定：「企業經營者應確保廣告內容之真實，其對消費者所負之義務不得低於廣告之內容。」第二十三條規定：「刊登或報導廣告之媒體經營者明知或可得而知廣告內容與事實不符者，就消費者因信賴該廣告所受之損害與企業經營者負連帶責任。」所以若廣告內容不真實，除廣告主應負責外，刊登廣告的媒體在明知或可得而知之情況下，亦須與廣告主負連帶賠償責任。

不實廣告所涉及之法律

不實廣告所涉及之法律

- 刑法
- 公平交易法
- 食品衛生管理法
- 健康食品管理法
- 化妝品衛生管理條例
- 消費者保護法
- 醫療法
  - 假借他人名義宣傳
  - 利用出售或贈予刊物宣傳
  - 以公開祖傳祕方或公開問答宣傳

Unit 7-7 勞動檢查法

一、勞動檢查目的：勞動檢查是政府，為了維護勞雇雙方權益，而對事業單位是否依法辦理勞動條件及工作場所安全衛生所實施之檢查。

二、勞動檢查法成立時間：勞動檢查法最早是中華民國二十年二月十日成立；最新修正條文是，民國104年2月4日其中特別針對總統華總一義字第10400012451號令，修正公布第二條、第二十四條及第三十三條條文。

三、勞動檢查法的主管機關：在中央為勞動部；在直轄市為直轄市政府；在縣(市)為縣(市)政府。

四、勞動檢查事項範圍：1. 依本法規定應執行檢查之事項；2. 勞動基準法令規定之事項；3. 勞工安全衛生法令規定之事項；4. 其他依勞動法令應辦理之事項。

五、勞動檢查方針：優先受檢查事業單位之選擇原則；監督檢查重點；檢查及處理原則；其他必要事項。

六、檢查結果：勞動檢查員對於事業單位之檢查結果，應報由所屬勞動檢查機構依法處理。其有違反勞動法令規定事項者，勞動檢查機構並應於十日內，以書面通知事業單位，立即改正或限期改善，並副知直轄市、縣(市)主管機關督促改善。對公營事業單位檢查之結果，應另副知其目的事業主管機關督促其改善。

七、不得使勞工在該場所作業：下列危險性工作場所，非經勞動檢查機構審查或檢查合格，事業單位不得使勞工在該場所作業：1. 從事石油裂解之石化工業之工作場所；2. 農藥製造工作場所；3. 爆竹煙火工廠及火藥類製造工作場所；4. 設置高壓氣體類壓力容器或蒸汽鍋爐，其壓力或容量達中央主管機關規定者之工作場所；5.製造、處置、使用危險物、有害物之數量達中央主管機關規定數量之工作場所；6.中央主管機關會商目的事業主管機關指定之營造工程之工作場所；7.其他中央主管機關指定之工作場所。

八、罰則：有下列情形之一者，處三年以下有期徒刑、拘役或科或併科新臺幣十五萬元以下罰金：1. 違反第二十六條規定，使勞工在未經審查或檢查合格之工作場所作業者；2. 違反第二十七條至第二十九條停工通知者。

法人之代表人、法人或自然人之代理人、受僱人或其他從業人員，因執行業務犯前項之罪者，除處罰其行為人外，對該法人或自然人亦科以前項之罰金。

為了要保障暑期工讀生的勞動條件跟安全，勞動部105年8月11日啟動暑期安心打工聯合檢查，北中南共有200場次。

勞動檢查法

主管機關

中央為
勞動部

直轄市為
直轄市市政府

在縣(市)為
縣(市)政府

勞動檢查範圍

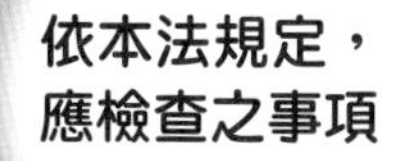

依本法規定，
應檢查之事項

勞動基準法
令規定事項

勞工安全衛
生法令規定
事項

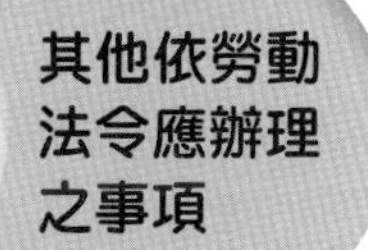

其他依勞動
法令應辦理
之事項

危險場所必須檢查後才可作業

1. 石油裂解之石化工業場所
2. 農藥製造工作場所
3. 爆竹煙火工廠
4. 高壓氣體壓力容器

Unit 7-8 勞動基準法

一、主管機關

在中央為勞動部；在直轄市為直轄市政府；在縣（市）為縣（市）政府。

二、禁止強制勞動

雇主不得以強暴、脅迫、拘禁或其他非法之方法，強制勞工從事勞動。

三、雇主提供工作安全之義務

雇主對於僱用之勞工，應預防職業上災害，建立適當之工作環境及福利設施。其有關安全衛生及福利事項，依有關法律之規定。

四、勞動契約的分類

勞動契約分為定期契約及不定期契約。臨時性、短期性、季節性及特定性工作得為定期契約；有繼續性工作應為不定期契約。

五、勞工離職後競業禁止之約定

未符合下列規定者，雇主不得與勞工為離職後競業禁止之約定：

(一) 雇主有應受保護之正當營業利益。

(二) 勞工擔任之職位或職務，能接觸或使用雇主之營業秘密。

(三) 競業禁止之期間、區域、職業活動之範圍及就業對象，未逾合理範疇。

(四) 雇主對勞工因不從事競業行為，所受損失有合理補償。

前項第四款所定合理補償，不包括勞工於工作期間所受領之給付。違反第一項各款規定之一者，其約定無效。離職後競業禁止之期間，最長不得逾二年。逾二年者，縮短為二年。

六、雇主無須預告即得終止勞動契約之情形

勞工有下列情形之一者，雇主得不經預告終止契約：

(一) 於訂立勞動契約時為虛偽意思表示，使雇主誤信而有受損害之虞者。

(二) 對於雇主、雇主家屬、雇主代理人或其他共同工作之勞工，實施暴行或有重大侮辱之行為者。

(三) 受有期徒刑以上刑之宣告確定，而未諭知緩刑或未准易科罰金者。

(四) 違反勞動契約或工作規則，情節重大者。

(五) 故意損耗機器、工具、原料、產品，或其他雇主所有物品，或故意洩漏雇主技術上、營業上之秘密，致雇主受有損害者。

(六) 無正當理由繼續曠工三日，或一個月內曠工達六日者。

勞動基準法

勞動基準法

主管機關

中央為勞動部
直轄市為直轄市政府
縣(市)為縣(市)政府

禁止強制勞動

雇主提供工作安全之義務

勞動契約

定期契約
不定期契約

雇主在勞工離職後之競業禁止約定

雇主無須預告即得終止勞動契約情形

Unit 7-9 勞工保險相關法則

新創事業者的每一份資金，都極為珍貴，千萬不要疏忽勞工保險之相關法則，若因此而遭受罰鍰，那就太不值得了。以下針對勞工保險及就業保險等相關重要條例，提出說明。

勞動部勞工保險局105年8月10日表示，依照現行規定，僱用員工5人以上的公司，才是勞工保險的「強制投保單位」，但只要僱用員工1人，即為就業保險的強制投保單位。勞保局說明，非屬勞保強制投保的單位，如公寓大廈管理委員會、補習班、私人診所、人民團體等，僱用員工4人以下的公司行號，若不願參加勞保，仍應於員工到職當日申報參加就保。

中華民國104年7月1日所公布之「勞工保險條例」罰鍰應行注意事項 ，主要是為執行勞工保險條例（以下簡稱本條例）有關罰鍰之規定，所訂定的注意事項。

一、勞工保險法中常被忽略人員

以下所列之被保險人，若有左列情形之一者，得繼續參加勞工保險：

(一) 應徵召服兵役者。

(二) 派遣出國考察、研習或提供服務者。

(三) 因傷病請假致留職停薪，普通傷病未超過一年，職業災害未超過二年者。

(四) 在職勞工，年逾六十五歲繼續工作者。

(五) 因案停職或被羈押，未經法院判決確定者。

二、就業保險法之罰鍰

新創事業不能忽略的罰責：

(一) 勞工違反就業保險法之規定，不參加就業保險及辦理就業保險手續者，處新臺幣1,500元以上7,500元以下罰鍰。

(二) 十倍罰鍰：新創事業之投保單位，違反就業保險法規定，未為其所屬勞工辦理加保手續者，按自僱用之日起，至參加保險之前一日或勞工離職日止應負擔之保險費金額，處十倍罰鍰。勞工因此所受之損失，並應由投保單位，依本法規定之給付標準賠償之。

(三) 兩倍罰鍰：新創事業之投保單位，未依就業保險法之規定，負擔被保險人之保險費，而由被保險人負擔者，按應負擔之保險費金額，處兩倍罰鍰。投保單位並應退還該保險費與被保險人。

(四) 四倍罰鍰：新創事業之投保單位，違反就業保險法規定，將投保薪資金額以多報少或以少報多者，自事實發生之日起，按其短報或多報之保險費金額，處四倍罰鍰，其溢領之給付金額，經保險人（勞保局）通知限期返還，屆期未返還者，依法移送強制執行，並追繳其溢領之給付金額。勞工因此所受損失，應由投保單位賠償之。

勞工保險法

保險常被忽略人員

派遣出國考查

因傷病留職停薪

服兵役者

年逾65歲勞工

因案停職

新創事業不能忽略的罰責

違規事項		罰責
不參加或未辦理就業保險		1,500~7,500元
未為勞工辦理加保手續		十倍罰鍰
未負擔勞工之保險費，而由被保險人負擔者		兩倍罰鍰
將勞工投保薪資金額，以多報少或以少報多者		四倍罰鍰

第 8 章

如何避免新創事業的創業風險

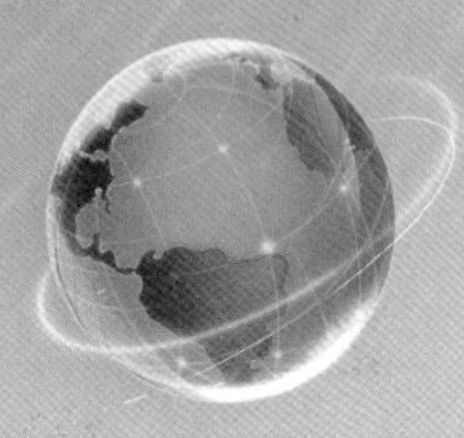

章節體系架構

Unit 8-1 創業風險

近年來政府鼓吹青年前仆後繼投入創業潮，創業已經成為學術界、企業界與政府部門的熱門議題。創業是許多人共同的夢想，他們想要擁有自己的事業、實現自己的理想，甚至成為比爾蓋茲等成功的創業家。但是有誰會想到，失敗者多、成功者少！如果一般人在不了解創業風險的情況下，只因政府誘導而一窩蜂的相繼投入創業，不僅失敗機率高，失敗後還須承擔失敗的恥辱及龐大債務。青年創業楷模唐雅君、唐心如兩姊妹，因亞力山大健身中心在2007年歇業，檢察官於2008年1月間依背信、詐欺等罪起訴，高院二審判處唐雅君、唐心如一年十月、一年八月徒刑定讞。由此可見創業失敗的嚴重性。創業過程中失敗這是一個常見的現象，因為失敗的原因五花八門，像資金不足、合夥拆夥、人員掌控不好、產品缺乏競爭力、或選了一個根本沒有市場的項目。最常見的失敗原因：

一、突發重大危機：如2020年突然爆發「新冠肺炎」的危機，因而政府決定「封城」，或消費者足不出戶，所導致消費大幅減少；又如戰爭爆發期間，交通受到破壞，或如物價大漲，甚至出現惡性通膨的現象。

二、資金短絀：創業者低估了財務上的需要，財務預算有缺失，同時在營運或生產上也無法有效運用資金，因此難以創造盈餘。

三、市場資訊不足：包括不是真正了解潛在市場的需求量，錯誤預估占有率，對銷售管道和競爭對手的情況了解不清等。

四、不良產品太多或不良率太高：由於不良產品太多或不良率太高，成本和損耗都過大，加上創業之初產品也缺乏知名度，導致產品滯銷，造成大量庫存囤積。

五、錯誤的策略：不當的企業價值觀、無效的經營管理及銷售策略、對競爭者估計錯誤等等，這包括創業理念與競爭策略的錯誤，由於這些策略關係到一個企業的生死存亡，因此，這也是導致失敗的最重要的主因。

六、產品淘汰率太快速：如果產品的生命週期太短，又或者生產出來的產品不合潮流，產品面世不久就遭到淘汰命運，這種不合潮流容易被淘汰的產品，在創業之後，短期內就很可能遭到失敗的命運。

七、管理不當：創業者管理經驗不足，朝令夕改，常常在錯誤中學習，但卻耗費了公司的許多資源，無法建立一套合理、具彈性與有效率的制度。例如用人不當，造成不必要的內耗；財務制度有漏洞，讓員工有損公肥私的機會；不重視安全生產，造成重大的人員傷亡事故等。

八、在不恰當的時機創業：例如冬天開空調機專賣店。

九、不了解國家有關的法律規定：譬如，民國104年新聞指出，前苗栗縣長劉政鴻九年執政下，負債達648億元。民國104年7月尚積欠約20億工程款，土木包工公會表示，縣府積欠營造及土木包工業者，少者300萬到800萬，多則2到4億。所積欠的債務，從小型道路駁坎、排水溝，到路樹修剪、到道路、橋梁及校舍興建等，不一而足。部分業者即因無法如期領到工程款，導致資金周轉不靈，遭跳票而倒閉，甚至有人因此離婚！尋短！

創業常見失敗原因

突發重大危機

Unit 8-2 新創事業的陷阱

比爾蓋茲說：「當企業變得自滿，並以為他們會持續成功時，這家公司就會失敗。」李健熙在三星如日中天時更特別提倡謙遜文化，而以危機意識治理企業。加州科技業創投公司「點子實驗室」(Idealab)，副總裁麥克菲遜(Douglas McPherson)，他歸納出創業者應該避免的五個思考陷阱：

一、確認偏誤：一般人會偏愛採納能夠確認我們原本想法的資訊。公司必須抵抗確認偏誤，採納接收新資訊。譬如：嘉義起家的老字號「全買」，1993年在嘉義開了第一家分店，接著陸續把版圖拓展到雲林臺南，全臺灣共有18家分店，是雲嘉南地區老字號大賣場兼生鮮超市。以鮮明的長頸鹿logo，和在地化的服務，培養出不少死忠客戶。此時已出現確認偏誤，那就是以為可以繼續發展下去，但是最後「全買」因大環境競爭、買氣大不如前，於是在2014年4月，結束全臺18家分店。

二、基本歸因誤差：一般人常常會把某種行為，歸咎於這個人的基本性格，而不是他當時所面對的情況。其實，大多數人的行為是受到情況所驅使，能夠看清這個事實，比較能夠了解一個人以及為什麼他的立場會如此。

三、不願停損：人都喜歡獲得，不喜歡失去。在「點子實驗室」的例子中，麥克菲遜表示，要承認公司當初投資錯誤，在情感上是不容易做到的一件事。尤其是剛起步不久的公司，很難狠下心拔掉插頭。心裡會想，或許給這家公司的時間還不夠長，也或許只要產品價格更動，做個小調整，公司就有機會成功。

「點子實驗室」很注意這一點。為了避免覺得自己的小孩無論如何都是最漂亮的，公司積極尋求外界客觀的標準，進行誠實評估。

四、缺乏自制力：研究顯示，在被要求抵抗誘惑之後（例如：眼前端上一盤剛出爐、香味四溢的餅乾，但是卻不能吃），一個人不管是體力還是腦力上的測試，表現都會變差。「點子實驗室」特別重視能夠適應改變、自在處於模稜兩可情況的人才。任何公司在創立初期都存在許多不確定性，擁有這種特質的人，成功的機率比較大。

五、近期偏誤：一般人傾向於認為，最近發生的事情比較重要。譬如：曾經是淡水唯一一家百貨公司的名統百貨，2012年底風光開幕，兩家在地建商公司，砸下20億元，在捷運站正對面，打造3,000多坪的賣場，還強調引進多家知名品牌，包含平價服飾UNIQLO、SK-II、瓦城，品牌超過80家。這就很容易以為，有諸多大品牌不斷加入營運陣容，營運就沒有問題。沒想到才正式營業1年多時間，就傳出周轉不靈、積欠廠商兩三個月貨款，即將吹起熄燈號。

近期偏誤這個問題，在企業裡面很常見。例如：主管在打員工年度考績時，其實分數往往是員工最近的工作表現。或者，一位員工離職時，跟公司鬧得不愉快，主管便忘了員工多年來的努力，只記得他是很難纏的麻煩製造者。

新創事業陷阱

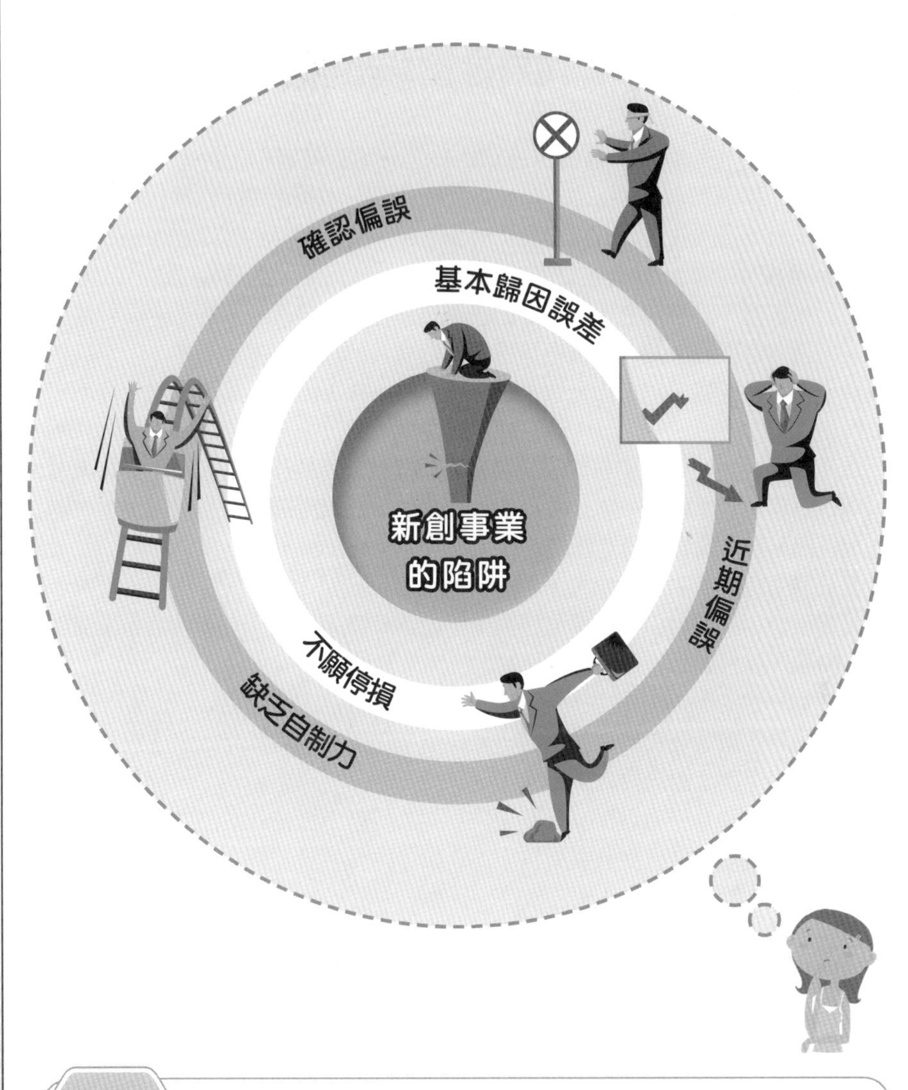

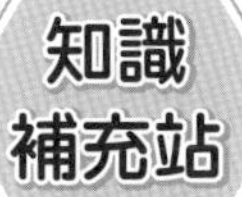

人腦有一個會讓人莫名其妙，被困住的盲點，稱為「固著」(anchoring)。先讓某人記一個投資方向或數字，再請此人預估一個與該投資方向或數字，毫無關聯的事情，結果人們常被固著於，之前那個數字。常見的是沉入成本效應(sunk-cost effect)，有人把這種行為描述為「越補越大的洞」。當某個大型項目已失控，進度嚴重落後，預算一直超支，最初的成本效益分析，顯然已不適用。但許多公司仍繼續砸錢投資，希望完成該項目。

Unit 8-3 新創事業危機管理的原則

危機管理係指一種有計畫的、連續的及動態的管理過程，針對潛在或當前的危機，於事前、事中或事後，採取一連串的因應措施，並經由資訊回饋、作不斷地修正與調整，以有效預防危機、處理危機及化解危機，甚至消弭危機於無形。

一、積極性：如2020年全球所爆發的「新冠肺炎」，正是當中國「武漢」已採取封城的措施時，許多國家似乎仍是觀望或隔岸觀火的態度，事實上，要解決危機，積極是關鍵。危機發生時，企業應積極地採取有效的措施，隔離危機，並以最快的速度啟動危機應變計畫，承擔起社會補償責任，做好恢復企業的事後管理，從而迅速有效的解決企業危機。

二、即時性：良好的資訊管理系統對企業危機管理的作用顯著。企業持續獲得即時、準確的資訊，才能有效掌控品質與趨勢發展。危機處理時，資訊系統也有助於診斷危機原因、即時彙整和傳達訊息，即時採取補救的措施。

三、真實性：真實性是媒體報導的基本原則。然而，媒體報導失實或不夠客觀地反映真實現象，必然會引起企業危機與損害誠信形象，因此，真實性是企業挽回誠信形象的關鍵，以維護品牌在大眾心裡的地位與真實性。

四、統一性：危機往往在極短時間內對企業產生影響。因此，企業應該有統一化、標準化的危機管理和恢復方面的組織與流程，建立明確、有效、成熟的危機管理制度，以提高應變能力，並有助企業統一口徑。

五、責任性：危機處理工作分為對內與對外等多方面溝通，高層是有效解決危機的重要關鍵，因此企業高層應直接參與，以給予消費者責任感之印象。如果企業高層無責任感，往往易導致企業面對危機時，反應的遲緩。

六、靈活性：靈活性說的也是企業的創新性。知識經濟時代，靈活與創新已成為企業發展的核心因素。危機處理既要充分借鑑成功的處理經驗，也要根據危機的實際情況，靈活運用新技術、新思維，進行大膽革新。

七、預防重於治療：防患於未然是危機管理的基石。任何危機都是有徵兆可尋的，只要細心觀察，針對組織所可能面臨的危機進行偵測，並且提出各種危機風險的評估與因應策略，則必然可以減少危機所帶來的威脅。所以危機管理應將重點，放在危機發生前的預防，預防與控制是成本最低也最簡便的方法。現實中，危機的發生具徵兆性，幾乎所有的危機，都是可透過預防來避免。

八、成本效益：成本控管是企業經營最基本的一環。成本控制失當，使企業資金出現斷層，難以正常運作，造成企業危機。因此成本效益分析，將有助於企業免於陷入資金周轉危機，更能有效控制資金動向。

九、虛心檢討：一有事情發生，應避免就反射地否認或抗辯，這樣的結果只會火上添油，讓傷害更為擴大。因此，在危機處理結束後，檢討在危機管理的過程中，有哪些該預防，卻沒有預防好的地方，應開誠佈公面對事實與虛心檢討，對於瑕疵產品應該不惜代價、迅速回收，並改進企業的產品或服務，贏得消費者的信任和忠誠，維護企業的誠信形象。

危機管理原則

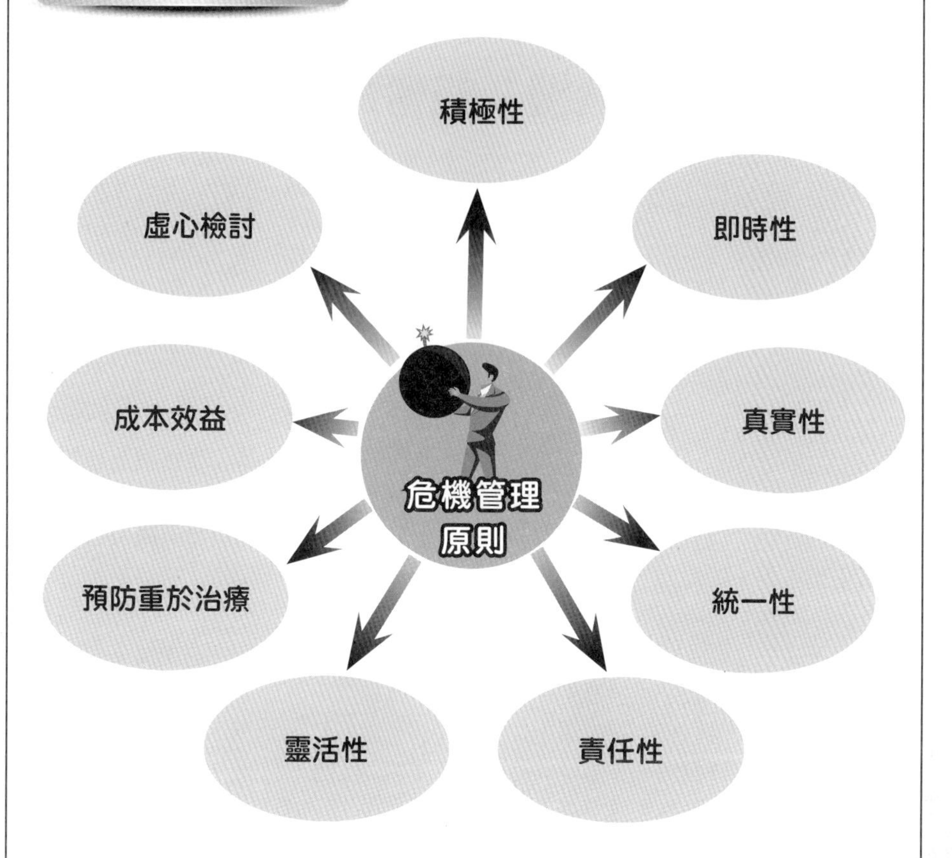

知識補充站

以色列的約旦河西岸（West Bank），巴勒斯坦定居地（Palestinian settlements）散佈在滿是岩石的山丘間，這裡環境明顯惡劣，同時氣候也極為乾燥，水資源是最大問題。此外，到處都是軍事檢查據點，前往某地得通過特定的檢查點，且需事先申請和報備；以色列軍隊持長步槍，嚴格檢查車內每個人的身分，氣氛嚴肅嚇人。值得借鏡的是，以色列人在面對眾多內在侷限和外在威脅的同時，卻孕育出獨特的創新環境，在文化裡注入一股「在限制中仍堅持把東西生出來(get things out)」的創業精神。所以以色列的創新聞名全球，超過1,000家高科技新創公司，群聚在一個僅約臺灣三分之二大的土地上。同時並擁有全世界最密集的新創公司及創業投資，以色列的創業生態環境（startup ecosystem），在全球名列第二，僅次於美國矽谷。

Unit 8-4 什麼叫危機？如何危機預防？

究竟什麼叫危機？危機又該如何預防？針對第一個問題，綜合以下三方面回答。

一、危機意義

當某一事件威脅到組織，讓組織無法生存或發展，這就是危機。韋氏大字典界定危機是，「一件事的轉機與惡化的分水嶺」，又可闡釋為：「生死存亡的關頭」，有可能好轉，也可能惡化的「關鍵剎那」。從造字源頭理解：

(一)中國人的「定義」：危機＝危險＋機會。一般中國人對危機的定義，是從字面上的「危險」加上「機會」來表達。這裡所指的「機會」，不是指獲得額外更多的利益，而是指隱含存在脫險的機會，或降低危機爆發時，可能出現的不利效應。

(二)古希臘「定義」危機＝特殊狀況下，必須做出決定。從古希臘的字根來說，危機較著重在解決的面向，當時的意義，被視為「決定」。但這項「決定」是在危機爆發後，面對極為險峻的狀況時，才正式開始處理。

(三)總結目前國際各家學者的定義，可綜合歸納為六點：1. 突發事件：企業爆發的具體時間、實際規模、具體態勢和影響深度，常常是始料未及的。2. 威脅到企業的基本價值或高度優先目標：這是指威脅到生存或發展。3. 對企業主及員工心理震撼大：由於威脅到生存或發展，又因是如此的突然，所以心理的震撼大。4. 危機資訊相對缺乏：平時未注意，而且事發突然。5. 必須在時間壓力下處理。6. 處理結果絕對影響企業的生存與發展。

二、危機如何預防

除了戴明博士(Dr. William Edwards Deming, 1900-1993)在其所著《遠離危機》(*Out of the Crisis*)一書中，十四點管理原則之外，筆者提出以下六種預防之道。

(一)找出危機因子：從市場訊號找；危機列舉法；基層草根調查法；報表分析法；作業流程分析法；實地勘驗法；危機問卷調查法；損失分析法；大環境分析法。

(二)針對危機因子，提出預防解決之道：如針對庫存過多的危機因子，長期做法就可以將公司與客戶，從買賣關係變成夥伴關係，在彼此互信的狀況下、交流資訊，進而以資訊取代庫存。

(三)成立智庫(think tank)：供決策者諮詢。

(四)擬定危機應變計畫：沒有計畫就難以動員全體，從一致方針，採分工合作之行動。

(五)驗證危機管理計畫：為防範危機，必須有危機管理等相關預防的計畫。但這些計畫是否可行？需要經過驗證，才能確保計畫的可行性。

(六)危機訓練與教育：危機訓練與教育，不但能提高危機意識，更能提高快速反制危機的能力；培育無形戰力；建構危機處理共識。

危機定義

中國人

危險

機會

韋氏大字典

一件事的轉機與惡化的分水嶺

古希臘

特殊狀況下必須做出決定

21世紀 國際學者定義

突發事件

威脅生存或發展

組織成員（心理震撼）

危機資訊不足

時間壓力大

處理結果影響生存或發展

危機預防之道

找出危機因子

擬定危機應變計畫

針對危機因子提出預防之道

成立智庫

危機訓練與教育

Unit 8-5 品管大師戴明的危機預防

許多企業搭上了景氣循環的順風車大膽擴張，很快地就開疆闢土，上市上櫃風光一時，甚至可能被推崇為績效優良的企業。但是常因忽略市場關鍵性的變化，或在經營實務上出現漏洞，因而被市場淘汰。事實上，企業倒閉很常見，新創事業倒閉更是稀鬆平常，不足為奇。根據歐盟研究，50%的新創事業在創立後五年內陣亡，故教導企業的危機預防、危機的處理、加上危機的溝通，使新創事業化危機於無形。

戴明的危機預防：戴明博士(Dr. William Edwards Deming, 1900-1993)在其所著《遠離危機》(*Out of the Crisis*)一書中，舉出十四點管理原則，以下十四點是戴明在品質管理方式，經四十年的工作經驗所凝結的結晶。大意如下：

1. 建立有助於改進產品與服務的持續且久遠性的目標。
2. 面對新的經濟時代，採新的管理哲學，覺悟變的時代，隨時接受各種不同的挑戰。
3. 建立品質管理從基線開始、停止，事後依賴大量的檢測方式。
4. 停止根據價值作為交易的行為。以考量最低的總成本作基礎，其用意在「一種物質最好向同一供應商採購」，並建立長期的忠誠與信任的互動關係。
5. 不斷研究改進生產與服務系統，改善品質及生產力，以降低成本。
6. 加強員工之在職訓練。
7. 強化視導的功能，隨時對機器設備的維護，和生產線上的協助與管理。
8. 免除員工的恐懼，使成員安定有效的為公司工作。
9. 建立各部門成一良好的工作團隊，去除彼此的障礙。
10. 去除那些要求成員達到零缺點與新生產力水準的標語、口號與訓誡。
11. 去除目標與量化的數值管理方式，而採人性化的領導方式。
12. 去除那些奪去工作人員榮譽感的障礙，由數字觀轉變到品質的表現。
13. 建立一套強而有力的教育，與自我改進的方案。
14. 革新是每一個人的事。

其實除了戴明的危機預防外，尚有以下四種方法可供參考。

1. 預防團體盲思(group think)，提高決策品質。
2. 加強幕僚人員的訓練。
3. 制定危機應變計畫，舉辦實地模擬演練。
4. 強化決策者的危機辨識能力。

戴明十四點遠離危機的原則

戴明十四點遠離危機的原則

1. 建立改善產品與服務的持續目標
2. 採用新的管理哲學，接受挑戰
3. 品管從第一線開始，廢除事後大量的檢測方式
4. 考量最低總成本作基礎
5. 不斷研究改進生產與服務系統
6. 加強在職訓練
7. 隨時對機器設備的維護和生產線上的協助與管理
8. 免除員工的恐懼
9. 使各部門成為合作的團隊
10. 去除零缺點的口號
11. 採人性化領導
12. 避免出現影響工作成員榮譽感的障礙
13. 提出強有力的教育與自我改進的方案
14. 革新人人有責

其他危機管理的方法

預防團體迷思

加強幕僚人員的訓練

制定危機應變計畫

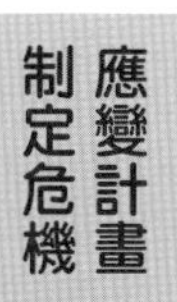

強化決策者的危機辨識力

Unit 8-6 驗證危機管理計畫

一、危機爆發的特性

新創事業一旦危機爆發，它就具有七種的特性：1. 突發性（不確定性、無預警）；2. 急迫性；3. 嚴重性（威脅性）；4. 衝突性；5. 機會性（雙效性）；6. 具階段性與累積性；7. 連動性。

二、危機處理策略的特性

在進行危機處理時，危機處理策略具有多重的特性：1.不定性：無法確定所作的決定，是否完全正確；2. 複雜性：所牽涉的有關組織、技術、人員十分複雜；3. 衝突性：各單位的利益很難面面俱到；4. 自我性：不同的角度，會對事實有不同的看法。

由於危機爆發時，新創事業無法確定危機爆發真實的原因，以及所作的決定是否完全正確。譬如，2009～2010年鴻海在中國大陸富士康集團的跳樓危機，當時公司並不知道為什麼跳樓，竟然以為風水不好，找來五台山高僧到工廠做法會消災。結果越跳越多，越跳越嚴重！台塑六輕的連續大火，對於大火原因，高層卻說：「撒無（台語－就是找不到原因的意思）」富士康在跳樓事件爆發時，一開始因忽視不以為意，並未正視跳樓問題，亦沒有做緊急應變措施來妥善處理，再加上高層反應過慢，直到後期才重視此問題，跳樓人數持續增加，造成企業形象不斷受損。因此若能在事前就驗證危機管理的計畫，則勝算較多。因此危機一旦爆發，就能迅速掌握狀況，並做出適當的決策。

新創事業絕對不能忽略驗證計畫的功能，這些功能涵蓋：

(一)可增強危機處理信心與經驗。

(二)提高企業快速應變能力。

(三)對全盤狀況掌握與了解。

(四)培養在混亂狀況下，團隊互信與合作的默契，

(五)避免因過度分工，而對實際情形認知的割裂。

(六)減少危機爆發初期，對策的判斷失誤，增強危機處理瞬間的判斷力。

(七)減低緊張焦躁的情緒，增強危機處理小組的耐力與抵抗力。

(八)可以先期找出危機處理計畫的脆弱環節，並加以修正。

公司管理階層對於危機的認知與經營企業的態度，是避免危機的第一步。若能做好危機管理計畫，並驗證危機管理計畫，對於新創事業的永續發展，必然有很大的助益！

危機爆發特性

要有危機處理的計畫

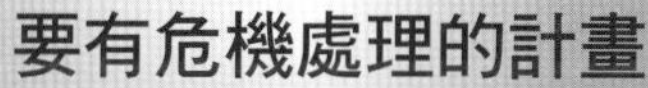
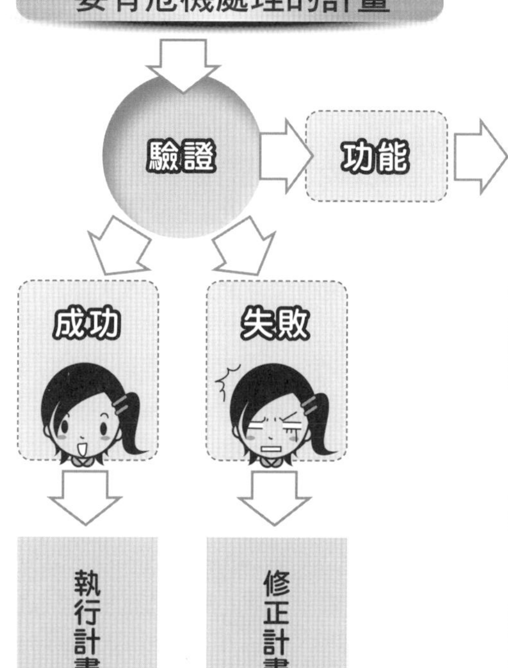

1. 可增強危機處理信心與經驗
2. 提高企業快速應變能力
3. 對全盤狀況掌握與了解
4. 增強團隊合作的默契
5. 避免因過度分工，而對實際情形認知的割裂
6. 減少危機爆發初期，對策的判斷失誤
7. 減低緊張焦躁的情緒
8. 先找出計畫脆弱之處並加以修正

Unit 8-7 危機處理

當企業面臨生死存亡的時候，最需要的，往往是強而有力的領導中心。這時候，極權領導反而可以發揮最大效果。在浴火重生的過程，需要的是團隊的智慧。這個團隊的智慧，主要就是來自於危機處理小組。以下是危機處理具體的程序與做法。

一、專案小組全權處理：危機處理小組的成員，通常包括最高主管以及公關、法律、管理、安全技術等部門最高主管，以融合各部門的智慧與資源。

二、蒐集危機資訊：1. 注意基本資料來源的精確度；2. 資料應有篩選機制。

三、診斷危機資訊：診斷危機資訊，可以更多的做好危機處理。診斷危機應置於1.辨識危機根源；2. 危機威脅程度；3. 危機擴散方向；4. 危機變遷的方向。

四、確認危機處理方案：危機爆發後，新創事業主可能有幾套的方案，但到底要採用那一個方案，確須拍板定案才能執行。

五、執行危機處理策略：危機發生時，應先發揮團隊精神，處理危機。危機主事者應立即檢視本身可運用之資源，作妥善分配以解決危機。而不是當場追究危機爆發的責任。

六、處理危機重點：成立危機管理團隊，來協助擬定危機應變計畫，以確保一旦危機發生時，可以有效予以管理。

七、尋求外來支援：有時新創事業者本身的資源（支援）與處理能力不足，此時就須要借助外來支援（資源）。

八、指揮與溝通系統：集中指揮，以掌握全局。

九、提升無形戰力：企業組織的無形戰力，可強化企業組織抵抗外來威脅。

十、危機後的檢討與恢復：如因對客戶的徵信疏失，則在危機爆發後的檢討與恢復，則可將重點置於：1. 廣泛蒐集資料，充分了解對方；2. 對客戶資料與資訊的整理，分析研判應更精準與有系統；3. 理性決策。

新創事業在進行危機處理時，勢必會提出一套策略與方案，但是這一套策略與方案，會不會有問題？如果有問題，而大家又基於某種共識，或是情感，或是共同背景，或是不想擔負責任，而不願提出異議與修正，此時就出現了團體迷思。團體迷思一旦出現，策略必誤！策略有誤，結果將是新創事業的打擊。因此，團體迷思必須預防。

防範團體迷思的方法，一般來說，主要有以下八種方法：1. 指定一位或多位成員充當反對者的角色，專門提出反對意見；2. 鼓勵每一個團體成員都要做評論家；3. 領導者不應該持有任何傾向和立場；4. 設立獨立討論團隊；5. 將討論團隊再細分為討論小組；6. 和團隊之外的人士交流意見；7. 邀請團體之外的專家參與討論，為討論引入源頭活水；8. 徵詢匿名反饋意見和建議，既可以傳統的意見箱，也可以採用網路論壇。

危機處理

1. 專案小組全權處理
2. 蒐集危機資訊
3. 診斷危機資訊
4. 確認危機處理方案
5. 執行危機處理策略
6. 處理危機重點
7. 尋求外來支援
8. 指揮與溝通系統
9. 提升無形戰力
10. 危機後的檢討與恢復

防範團體迷思的方法

- 方法① 指定一位或多位成員充當反對者的角色
- 方法② 鼓勵每位成員都要做評論家
- 方法③ 領導者不應有任何傾向和立場
- 方法④ 設立獨立討論團隊
- 方法⑤ 將討論團隊再細分為討論小組
- 方法⑥ 和團隊之外的人士交流意見
- 方法⑦ 邀請團體之外的專家參與討論
- 方法⑧ 徵詢匿名反饋意見

Unit 8-8 危機溝通要點

成功的危機管理，大約50%在事件的處理，50%在對外的溝通。新創事業危機一旦發生，組織就必須理性的面對它、並且保持冷靜地和外界溝通。溝通是一種動態過程，包含多面向與多樣性內涵。

一、盡可能一次講清楚：危機若是發生，最先趕到的，通常是平面與電子媒體的記者群。如果可能的話，一次將所有壞消息傳達出去。與其讓新創事業，因每次所傳達或被猜測的壞消息，而重創商譽，不如一次講清楚、說明白。

二、口徑一致：應在危機管理小組中指派一人擔任發言人，負責提供最新訊息，向社會各界說明事實經過，以澄清社會疑慮。千萬不能讓各部門都來面對媒體發言。

三、告知已經查證屬實的訊息：危機爆發後，就容易臆測，就容易出現謠言，這將會嚴重影響新創事業的信譽。其中有消費者受影響，但也有消費者沒有受影響。不過新聞一旦傳開後，就可能成為公眾的議題。所以新創事業應以最快速的方式，找出所有受危機影響者，所希望獲得的資訊。

四、讓人感受正努力、解決危機根源：證明新創事業已經找出問題，並正努力解決中，千萬不要輕易發怒或讓人感受恐慌。因為決策中心一旦讓人感到恐慌，這會對新創事業的決策努力的可信度受到重挫。

五、切莫說謊：西方諺語有云：「誠實是最好的政策。」企業在犯錯時，不但不要為了保護與維持公司的信譽而出現不誠實。這時反而是新創事業透過危機，成為媒體焦點的機會，向大眾公開宣示組織的任務、價值觀與運作。以三聚氰胺事件為例，金車是以「Mr. Brown」咖啡起家的，在毒奶事件爆發時，就主動送驗自己的產品，接著通報衛生署相關單位，下架產品後更換包裝，並主動召開記者會並向消費者道歉。在那次金車處理的過程當中，金車的勇氣和誠信，除了讓金車的危機，沒有繼續擴大，損失沒有繼續增加，還換來了商譽和社會大眾的肯定。

六、誠意溝通：主動對外提供訊息，適時說明真相。傳達強烈的感覺，很重要的一點是，必須要給人誠實、願負起責任、肯負起責任的強烈感受。

七、溝通策略要靈活調整：第一次的新聞記者會，溝通訊息傳達狀況如何？負面報導之次數增加或減少？訊息是否被成功引用？引用到什麼樣的程度？結果若是否定的，顯然在掌握議題設定與議題建構，出了問題，因此就必須檢討整個溝通的策略。同時也有助於新創事業判斷，要在溝通過程中，如何進行調整。

當危機解除時，並不意味著危機已經消失殆盡，新創事業必須置重點於如何防止二次危機的發生。畢竟即使是處在最佳狀態，而且做了最佳準備的公司，都有可能發生無法避免的危機，像鴻海、台塑就是案例。

危機溝通要點

餿水油流竄，成為社會沸沸揚揚的討論焦點後，媒體報導李鵠餅店疑使用強冠「全統香豬油」，消費者陸續湧進仁三路店面退費。雖店家澄清鳳梨酥、蛋黃酥沒有使用劣質油，但仍有民眾大老遠從中南部辦理退貨。業者表示，退貨損失雖嚴重，但老闆娘仍率領員工，向社會大眾道歉，表達會負責到底。

Unit 8-9 新創事業形象修補

形象修護理論是由Benoit(1995, 1997, 2000)所提出，其主要理論假設有二大基礎：1. 溝通是以目標導向，即溝通是為了要讓訊息接收者，接受自己所說的；2. 溝通是要在接收者心中，維持良好、受歡迎的形象。因此，當形象可能受損時，要提出具說服性的論述，以修護形象為目標，據此他提出「形象修護策略」(image repair strategies)。

一、否認：不承認危機存在，表明無任何受害者，或此事與新創事業全無關係，即為組織無預負任何責任，此策略常由組織內部之法務單位，所建議使用，以保護組織名譽並排除任何法律責任。否認又可以分為：1. 純粹否認；2. 歸咎他人。

二、移轉責難：將過錯歸於其他問題，因此不能將過錯歸於新創事業。

三、逃避責任：藉由比較相似的問題，以顯得這項行為沒有想像中這麼嚴重。

四、進行修正行動：正面且積極地試圖彌補危機的損害，並提出預防措施來防止危機再度發生。

五、承認與道歉：最完全接受危機責任的策略，表示組織願負起全責，也同時請求關係人原諒。此策略有時也併同提出金錢或其他實質的補償做法，以昭負責之誠意。

六、更改公司名字：更改公司既有名稱，使人忘記過去。

七、被激怒的行為：新創事業所以犯此過錯，那是因為員工被激怒，不得不的行為。

八、不可能的任務：這是意外，躲也躲不掉。

九、事出意外：並非有意造成的，純屬一項不幸的意外事件。指惡行因缺乏足夠資訊所導致的結果，或是個人無法控制因素下的侵犯行為，因此不應怪責於我。

十、純屬善意：雖然發生這個行為，但新創事業的本意是出於好意的。

十一、補償：提供受害者的損失補償。

十二、趨小化：減少錯誤行為的嚴重性。

十三、超越：辯護自己的行為是有更高的價值或更重要的目的。試圖將危機由負面轉化成正面，以提醒組織過去擁有優良的表現紀錄來討好或取悅關係人，此策略並無否認危機發生，但也未提出要為危機負責，只是讓關係人重新肯定組織長久來的形象，也藉此提振組織內部士氣。

Coombs(2006)進一步將原本Benoit提出的十三大項危機回應策略，歸納為以下四大類：1. 否認性策略(deny)：否認、代罪羔羊。2. 遞減性策略(diminish)：藉口、合理化。3. 重建性策略(rebuild)：補償、誠意道歉、關切、懺悔(Regret)。4. 補充性策略(reinforcing)：尋求外來資源支持、逢迎。

Benoit形象修護

理論假設

溝通是以目標導向，即溝通是為了讓訊息接收者，接受自己所說的

溝通是要在接收者心中，維持良好、受歡迎形象

形象修護策略

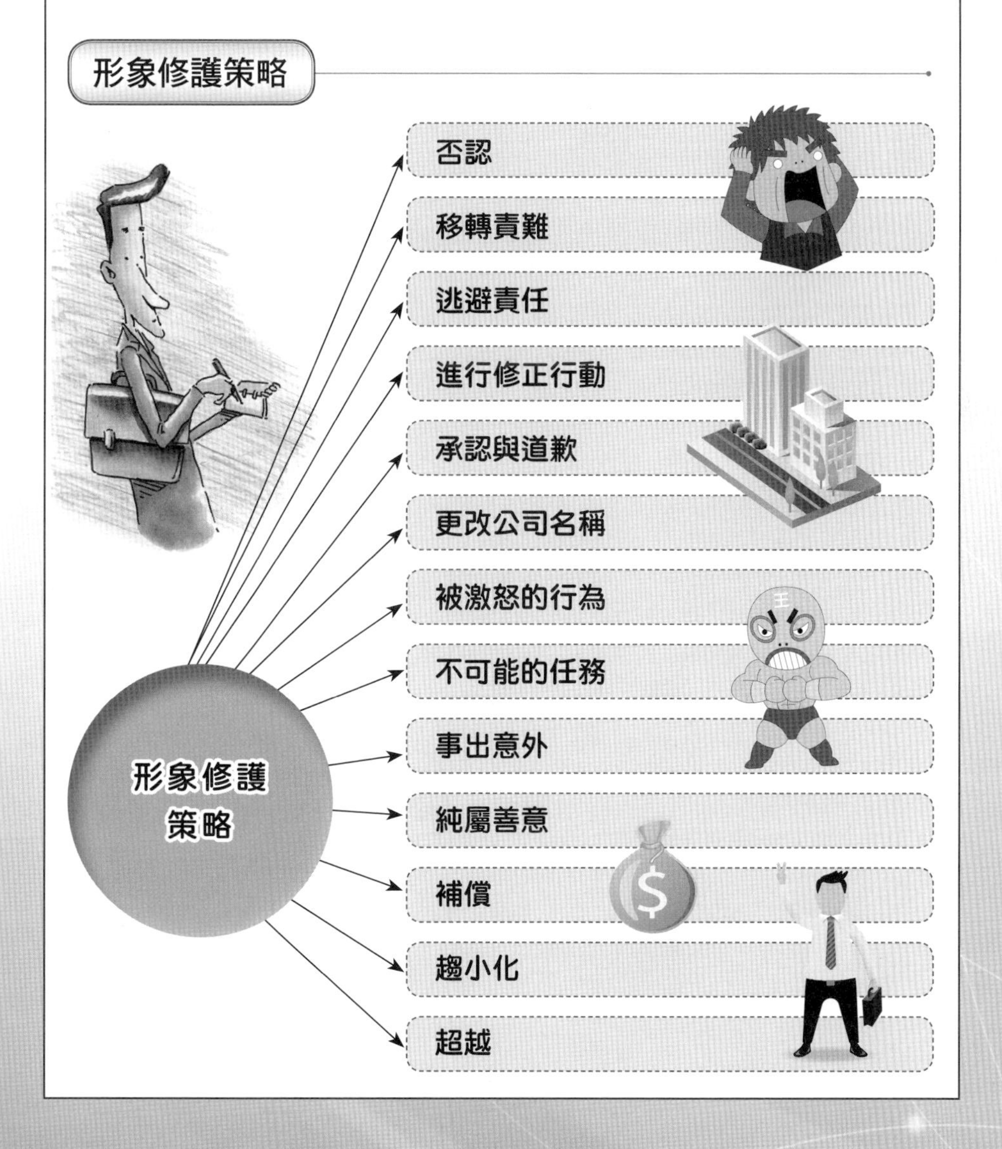

第9章

創業道德

章節體系架構▼

Unit 9-1 微型創業

一般所謂的微型企業，乃是指依法辦理登記之事業組織，不分產業別，只要員工未滿(不含負責人)五人的企業，都可以稱「微型企業」。

一、人數規定：歐盟將微型企業定位在，員工人數10人以下，至於中華民國政府並沒有明文定義，微型企業與小型企業之間的區別；不過在民國96年施行的微型創業貸款鳳凰計畫中，曾經將微型企業定義為員工人數5人以下，小型企業則為50人以下。

二、登記規定：根據商業登記法第五條規定，有五大類可以免辦理登記，這五大類是，第一、攤販；第二、家庭農、林、漁、牧業者；第三、家庭手工業者；第四、民宿經營者；第五、每月銷售額未達營業稅起徵點者。

三、微型創業功能：無論是家庭主婦、上班族、還是大學生，微型創業對於社會的健全發展而言，微型創業有其無可替代的貢獻。因為微型企業既是待業人口，中途轉乘的接駁站，同時也提供弱勢團體力爭上游的機會，因此具有推動社會移動(social mobility)的力量。

四、微型創業的特色：整體看來，臺灣微型創業有幾項特色，(一)一窩蜂現象：最主要的原因是，門檻低，風險小，別人成功經驗容易複製或模仿，因此微型創業同質性較高。(二) 低附加價值：附加價值是從企業的銷售收入中，扣除企業從外部購入價值部分後的剩餘。理想的微型企業，還是需要具有特色，提供他人難以取代的價值，才能長久經營。(三)少資金：之所以會選擇微型創業，其中有一項關鍵，就是資金門檻低！(四)不重數據：基本上，不管從事什麼行業，基本上都是數據生意。不過由於微型企業所專注的客戶、物料等相對較少，因此數據也顯得不是那麼關鍵。(五)多重角色：網路微型創業者，創業者必須什麼事都要管，因此是屬於校長兼撞鐘的多重角色！

五、微型企業成功關鍵：成功創業者光鮮亮麗的背後，往往隱藏著各種辛苦、努力，甚至是無助。因此除了心態要調整之外，此外也要注意所提供的產品，是否是這麼的吸引人！因為不管你的產品有多麼棒，假如你不主動行銷它，而只是被動、等待別人上門，創業之旅將會走得緩慢，甚至市場不知道它的存在。

免辦理登記的微型創業

五大類

1. 攤販
2. 家庭農、林、漁、牧業者
3. 家庭手工業者
4. 民宿經營者
5. 每月銷售額未達營業稅起徵點者

微型創業的特色

1. 容易「一窩蜂」現象
2. 低附加價值
3. 資金相對較低
4. 較不重數據
5. 多重角色

微型企業成功關鍵

微型企業成功關鍵	
1. 建立具吸引力的網站	善用行銷網站以打造網路平臺
2. 使搜尋引擎達最佳化狀態	善用Line@生活圈、痞客邦Pixnet等工具，以強化創業成功機率
3. 產品具吸引力	只有提供市場優質好產品，才是微型創業生存不敗王道
4. 建立並聯絡潛在客戶的相關管道	特別是近年來時興小資老闆，所運用的FB或Line等行銷通路
5. 品牌化發展	品牌發展已成為企業不可或缺的行銷工具。從麗嬰房的發展案例來看，起初它僅是販售高檔舶來品起家，但真正發展則是從1991年開始自創品牌，以清晰的品牌定位及形象，獲取消費者的認同
6. 資金控管要嚴謹	微型創業常須面臨資金不足，而且又是低毛利的窘境
7. 產品持續創新	如果產品您有，別人也有，那就沒有什麼差異化；換言之，誰都可以取代你。以炸雞排為例，幾乎每一個夜市都有，而且可能不只一攤。但如果你的馨香料與眾不同、獨樹一格，那麼別人就不容易取代你的產品。

知識補充站

「新冠肺炎」不但重創許多產業，同時也改變了人類的購物習慣。微型創業者的策略，要調整的快，才不會被此疫情巨浪所吞噬。且能抓住其中的商機。例如某從事「拼布」事業的微型創業者，看見疫情的發展，毅然轉往「口罩套」的製造，更主動與電子商務平臺合作，因而讓業績逆勢狂飆，營業額超越百萬以上。

此外，在疫情的威脅下，朝「電子商務」、「外送」、「遠端視訊」、「電商平臺」、「無人機」等方向的發展，前途仍是光輝烈烈。

當然，處於「落難」中的微型創業者，也不要忘了政府提供的融資紓困方案，如暫緩繳付本息一年及還款年限，藉此力挽狂瀾於既倒的惡劣形勢。

Unit 9-2 網路商店

「網路商店(Internet shop)」在許多文獻中，則有不同的稱謂，譬如像「電子商店 (Electronic store)」、「電子商場(Electronic mall)」、「網路商場(Internet shopping mall)」、或「線上商店(Online store)」，甚至也有稱為「虛擬商店(Virtual store)」的。其所代表的是在網際網路上，販賣商品或服務的網站。為什麼網路商店會成為全球目前最火熱的經濟議題？這也是拜近年資訊科技與網際網路普及之賜，才使得網路商店在微型創業中，成為許多人投身創業的首要選項！

一、網路商店已成趨勢：在行動網路加上萬物可聯(物聯網概念)的購物環境下，顧客只要透過「指尖」的行動，透過手機即可完成採購消費行動。若再加上宅經濟發酵，無論是單純的網路商店，或虛實融合的商店，網路商店已如箭在弦，不得不發，不得不成。

儘管如此，由於網路購物市場競爭激烈，且商品毛利率低，以至於多數網路商店營收成長未能獲利，容易讓創業者短期內失敗受挫，而從創業市場退出。

二、網路商店的優勢：常見的電子商務優勢；(一)價格成本低廉；(二)產品品項多樣；(三)跳脫時空等限制。

三、網路採購的關鍵因素：消費者進行網路購物時，所重視的因素，依程度排序為：(1)能提供個人化的溝通服務諮詢方式；(2)方便節省購物時間；(3)產品可先試用，不合意時可退貨；(4)市面上不易購買的商品，特別是直接可由國外訂購；(5)產品所擁有的品牌、形象、信譽；(6)可提供分期付款的方式；(7)產品種類齊全。

從上述的變數中，網路商店要成功經營，顯然網站扮演重要角色。網站能否成功，其關鍵有八項：(1)提供購物車；(2)商品運輸選項；(3)商品付款方式；(4)服務專線；(5)顧客互動；(6)提供精心設計的超連結；(7)查詢及追蹤訂單情況；(8)產品可退回等。

四、成功虛擬商店經營策略，應避免的錯誤：(1)網路行銷最有力的宣傳是，人與人的口耳相傳，因為花再多的錢在架網站上，如果沒有強有力的『網路行銷』，來增加網站的曝光率，那麼在沒有人知道，也沒有訪客來參觀，結果仍是無效的。

(2)網站內容未更新：網路商店內貨架上商品過少，或是經常不更新、分類不清楚，如此就很難吸引網友吸引瀏覽。不斷地更新網站內容，保持其新鮮性這點和門市店面經營方式相同，但購物網站經營會比門市店面經營，更多元化及價格取向，如果無法知悉網路市場的最新報價或商品情報，競爭力可能會有所不足。

(3)忽略有力的商品說明：虛擬商店的客戶，由於無法摸到實際的商品，因此就需藉著清楚仔細的文案敘述，生動簡潔有力的描述商品特性。不宜謹守產品導向，認為自己的商品質優，而只是貼上售價而已。

(4)缺乏網路行銷管道：虛擬商店講究主動出擊，然需對網路上消費族群動向有所了解，才能找到對的網路行銷管道曝光，如此才不會隨意曝光，導致讓人厭惡的反效果。

網路商店

一、網路商店已成趨勢

- 「新冠肺炎」中更凸顯出

二、網路商店的優勢

- 價格成本相對低廉
- 產品品項多樣
- 跳脫時空限制
- 避免疫情干擾

三、網路採購的關鍵因素

- 能提供個人化的溝通服務諮詢方式
- 節省購物時間
- 產品可先試用，不合意可退換
- 不易採購之商品，可直接向海外訂購
- 產品品牌、形象、商譽
- 提供分期付款的方式
- 產品種類齊全度

四、商務網站成功之關鍵

- 提供購物車
- 商品運輸選項
- 商品付款便利度
- 服務專線的耐性、親切、溫柔
- 顧客互動的及時性
- 提供精心設計的超連結
- 查詢及追蹤訂單的方便性
- 產品可退回

五、網路商店應避免的錯誤

- 缺乏網路行銷，以致沒有口耳相傳的效果
- 網路內容未及時更新
- 忽略有力的商品說明
- 缺乏對準消費者資訊接收的管道

Unit 9-3 創業道德的成形與失落

一、創業道德的成形

(一) 商業社會的倫理共識：我國古時商人生財之道，是重仁義、講誠信，童叟無欺，不以小利為利，凡事以禮待人，以義應事。

(二) 宗教：《聖經》反覆提醒人，在買賣中要誠實守信，「要用公道天平、公道砝碼、公道升斗、公道秤」。

(三) 根植於社會倫理之共識：企業倫理是一種觀念，是一種根植於社會倫理之共識。這種在工作場所中的共識，會成為判斷事情的「對」與「錯」的方法。

(四) 企業內的道德準則：根據《財富》雜誌的報導顯示，設立倫理主管是品牌企業發展的趨勢之一。譬如《財富》雜誌排名前一千家的企業，其中約75%都有明確的倫理準則用來規範員工的行為，而且很多的企業設有企業倫理管理的機構或主管。高階主管或企業倫理主管的主要工作，包括：1. 制定企業的倫理準則。2. 對員工進行倫理方面的培訓。3. 處理員工在工作中，有關倫理道德方面的問題和疑慮，比如性騷擾方面的問題。

(五) 重要企業領導人的風範：蘋果創辦人賈伯斯生前最後的遺言，應該也可以給這些缺德的企業負責人一些思考。他說：「作為一個世界500強公司的總裁，我曾經叱咤商界無往不勝，在別人眼裡，我的人生當然是成功的典範。……此刻在病床上，我頻繁地回憶起我自己的一生，發現曾經讓我感到無限得意的所有社會名譽和財富，在即將到來的死亡面前，已全部變得暗淡無光，毫無意義了……上帝造人時，給我們以豐富的感官，是為了讓我們去感受祂預設在所有人心底的愛，而不是財富帶來的虛幻。」長榮集團總裁張榮發說：「做一些救人、幫助人的事情，卡好睏（台語：較好睡）」。就像八八水災後的蘭嶼朗島國小損毀，因為在離島，運輸問題導致建造成本太高，沒有企業願意認養，張榮發二話不說，為這間小學打造「長榮日出大樓」，預算從3,000萬元追加到4,800萬元，每坪造價超過15萬元，堪稱是外島的豪宅， 2012年的4月28日啟用。

二、商業道德失落的原因：1. 缺乏長期一貫的倫理道德教育與教導；2. 父母呵護或無人管教；3. 國家各層級領導人，缺德的示範效應；4. 媒體把暴力、色情、姦淫、貪汙等社會黑暗面曝光，卻沒有批判，這無異於負面教導。

三、「創業道德」課程的迫切性：這個時代人為了錢，可以不擇手段，頂新的黑心油，造成關聯企業嚴重受損，消費者幾乎都受其害。嚴重的是，這不是某一個國家企業的特殊性，而是全球普遍性！譬如，美國的國際企業，2013年在海外的獲利增加到2,060億美元，可是其中前15大的企業，在海外囤積的獲利，就高達7,952億美元，年增106%，但是這些資金就不匯回母國，而存放在低稅率國家，譬如百慕達群島、愛爾蘭、盧森堡、荷蘭和瑞士。所以美國各大學，如哈佛、史丹福等大學名校，紛紛開設「企業倫理」的課程，強調企業道德的重要性！

創業道德的成形

宗教

社會倫理共識

商業社會的倫理共識

企業內的道德準則

重要企業領導人的風範

商業道德失落的原因

1. 缺乏長期一貫的倫理道德教育與教導

2. 父母呵護或無人管教

3. 國家領導人缺德示範（如貪汙）

4. 媒體過度渲染暴力、色情等黑暗面

Unit 9-4 創業道德的重要性

通常創業管理是不會對創業道德這個議題有所觸碰或談論！因為不考，所以也不教。但是看看目前全球及國內黑心缺德的事，已充斥整個新聞版面。如果只教如何創業卻沒有配套的創業道德，即使創業成功，這整個社會都是不幸福的！事實上，對新創事業者早晚也會因缺德而被市場唾棄，這是很可惜的！創業道德是創業的核心，新創事業一旦缺乏創業道德，對新創事業將是極大的傷害。譬如2013年的假油風暴，雖然該公司早已經不是新創事業，但頂新也是從創業之路，一路慢慢發展過來。但由於缺乏創業道德，被揭發後，差一點覆「頂」，同時也對食用油產業造成衝擊。法律支持創業道德的實踐，而且具有強制力，但法律僅是創業道德的最低標準。

一、創業道德的功能：創業道德是新創事業，永續生存的基礎。對內凝聚成企業文化，對外則成為品牌。反之，若一味追求利潤，棄創業道德於不顧，其實對新創事業不一定有利。創業道德具體的功能如下。

(一) 降低商業糾紛：新創事業的道德水準，已經成為社會大眾評價企業、決定消費行為的重要因素。新創事業所提供的產品或服務，若不能有益於社會與消費者，而僅講求「利潤」時，就有可能使消費者受害。消費者受害，這對於新創事業永續的形像與商譽，都將是傷損。

(二) 避免危機：2008年的全球金融海嘯，是美國金融產業與房地產業，嚴重缺德所造成。所以不遵行創業道德，不按創業道德行事，就可能會造成新創事業的危機。譬如，針對大統長基假油案，臺灣消保會2014年代理3,776名消費者，提出集體訴訟求償，求償3億3,000萬元。2015年5月法院判決，業者應賠償消費者9,000萬元，2,840名消費者符合資格，每人獲賠3萬多元。

(三) 降低商業成本：具有道德與倫理的新創事業，就是最好的廣告。也因此，新創事業的發展，就不必將資源浪費在賄賂、送禮、利誘等方面，所以能降低商業成本、節省經費支出。

(四) 增強品牌知名度：新創事業遵循道德、弘揚倫理的過程中，更容易在國際市場，被廣泛的宣傳。這對於新創事業的品牌知名度，都有正面積極的影響！

(五) 資金來源：注重道德的新創事業，當它要增資擴展時，最易獲得政府與國際的投資。此外，也較容易獲得三種機會。1. 政府採購的機會；2. 成為大型跨國公司供應鏈的機會；3. 進入國際市場的機會較高。

二、創業道德的潮流：國際潮流和社會輿論所重視的創業道德：1. 重視大地環境倫理；2. 政商倫理；3. 行銷倫理；4. 廣告倫理；5. 股東倫理；6. 工作環境倫理；7. 勞資倫理；8. 競爭倫理；9. 裁員與資遣的道德。

創業道德的功能

創業道德潮流

重視大地環境

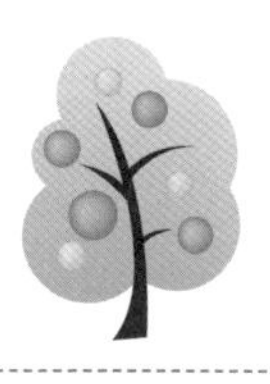

政商倫理

行銷倫理

廣告倫理

股東倫理

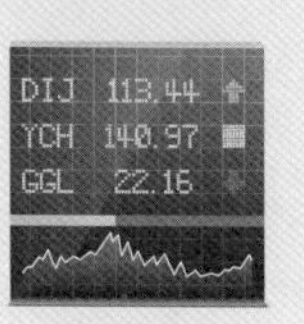

工作環境倫理

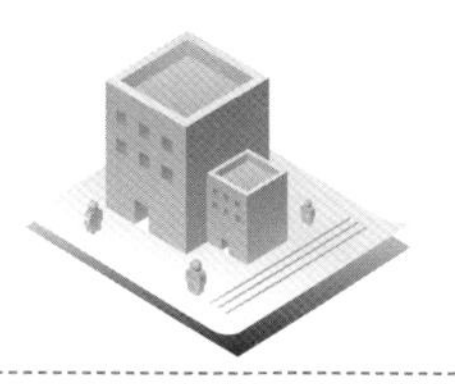

勞資倫理

競爭倫理

裁員與資遣的道德

Unit 9-5 創業道德的範圍與功能

一、創業道德範圍：依據主題可以分為制度、對內和對外、市場等四大面向。

(一) 創業道德制度層面：企業「產、銷、人、發、財」等諸種流程與公司政策，是否具有道德。(二) 企業內部的創業道德——與企業活動有關者：1. 股東；2. 董事會；3. 管理者；4. 員工；5. 工會。(三) 企業外部創業道德——與市場經營者有關的倫理：1. 債權人；2. 消費者；3. 供應商；4. 競爭者；5. 批發零售商。(四) 與市場經營有關的創業道德：1. 社區；2. 政府；3. 媒體；4. 社會大眾；5. 社會其他團體。

二、創業道德的功能：具體如下。

(一) 避免劣幣逐良幣：當新創事業內部倫理不彰，道德規範不明時，員工常常找不到企業存在的意義和榮譽感，同時組織成員很容易認定「我們企業是缺德的」。對於一個講求倫理、重道德的員工，此種認定對其自我概念，將是很大的衝擊！所以對企業無法認同，是可以預見之事，而離開組織亦屬必然。但是，對於一些道德標準原本就較低的員工，企業此種低道德的表現，反而是符合其原本的自我概念，因而對企業不會有不認同的情形發生。長此以往的結果，就是組織在人力資源方面，產生反淘汰的現象，道德標準高的員工，無法認同而離去，道德標準低的，則樂在其中！可想而知，此種結果最終必成為劣幣逐良幣。

(二) 避免因短利傷害到企業的永續生存：新創事業的領導階層，在抽離道德之後，會出現領導無方、甚至進行掏空公司資產等違法的勾當。對部屬則可能出現刻薄寡恩、沒有信用！缺德氣氛一旦形成，就可能形成同僚之間爭功諉過、惡意攻訐、背後詆毀，使對方在分工過程中所必須得到的協助，統統以「正大光明」的理由來停止相關的援助，使對方的任務無法達成；下級對上級表面討好，背後卻詆毀叫罵，對於所交代的任務則陽奉陰違，甚至引起長官和長官之間的誤會。最好是看到更上級的長官來修理自己的頂頭上司，或在上上級的長官交代重要任務尚未傳達任務之前，先填妥假單請假去，讓自己的頂頭上司吃不完兜著走。

(三) 避免社會的不安：每一個新創事業都會提供自己的商品或服務，可是在沒有道德的思考下，就可能任意竄改已過期的商品日期；生產農作物者若沒道德，在農藥（讓蟲都不能吃）尚未消失前，讓每個農作物都長得美，其實吃下去就慢性中毒！養雞者若沒倫理，對雞就大打荷爾蒙，以最快速度讓雞長大（像成熟雞），其實吃下去，對人就產生傷害！所以新創事業若未能具體實踐道德，這個社會從食衣住行育樂等方面的安全，都會受到嚴重的威脅，如此，必然造成「食」不安，「衣」不安，「住」不安，「行」不安。在缺德的社會沒有贏家！

(四) 全球穩定：目前全球是一髮動全身，無論是金融或氣候變遷，都很難能夠獨善其身。譬如2008年所爆發的的全球金融危機，當時法國總統薩爾科齊（Nicolas Sarkozy）在2008年10月17日就指出，這場危機是自1930年以來，最嚴重的一次倫理道德危機。

創業道德四大面向

創業道德制度層面

法令 | 制度 | 文化 | 規範

企業內之創業道德

股東 | 董事會 | 管理者 | 員工 | 工會

企業外部之創業道德

消費者 | 債權人 | 供應商 | 競爭者 | 批發零售商

與市場經營有關的創業道德

社區 | 政府 | 媒體 | 社會大眾 | 社會其他團體

創業道德

對企業

對社會

都有助益

↓

具體

↓

- 避免劣幣逐良幣
- 避免因短利而傷害永久生存
- 避免社會的不安
- 增加全球的穩定

Unit 9-6 品牌時代新創事業的道德功能

根據美國智庫道德協會(Ethisphere Institute)製作全球最合乎倫理企業(WME)的指數，研究顯示從2007年至2011年間，愈重視道德的企業，獲利表現更好。我國房仲業的翹楚信義房屋成立企業倫理辦公室，由董事長周俊吉擔任倫理長，周俊吉個人捐贈6億元、信義房屋捐贈1億2,000萬元，在政治大學商學院設立「信義書院」，要推動企業倫理教育，希望將企業倫理往下延伸到教育的根本。

品牌時代創業道德的功能如下：

一、降低糾紛

商場常耳聞「無商不奸」、「人無橫財不發」的觀念，實際上這種錯誤的觀念，即或僥倖偶得某項契約或欺騙了消費者，不但不會長久，反而造成許多無謂的商業糾紛。

二、避免危機

若有道德卻不遵行、卻不按企業倫理行事，不安全的產品、不誠實的廣告，不但重創社會，更會傷害到新創事業。

三、降低商業成本

具企業倫理的公司，由於不必浪費在賄賂、送禮、利誘等方面，不啻可以節省經費支出，同時也可能被列為可信度極高的廉能公司；同樣的，一個建立反賄賂方案的公司，則可避免公司及其關係企業，遭受法律制裁、被吊銷執照，或者被列為黑名單。

四、資金來源

一個正派經營及注重倫理的新創事業，必能為自己塑造良好的企業形象，也能獲得企業內、外部顧客的尊敬與支持，同時在國內，也較容易獲得政府採購的機會，公司貸款相對比較容易。

五、增進組織戰力

具企業道德的組織，它可以增強組織成員較高的忠誠度和向心力，並增進企業內部的凝聚力，就整體而言，也較能夠吸引較高素質的人力資源，來投入新創事業的戰鬥行列。

六、企業形象

在講求品牌形象的環境，許多大企業莫不積極創造出優良的產業形象，來爭取最大競爭的機會。但是如何突出企業形象呢？企業倫理可以扮演這項策略性的角色。反之，缺德的企業在消費者心中，如何能有美好的企業形象呢？

七、永續經營

獲利不再是唯一，而是健全的企業倫理，才能主導企業的永續生存。

品牌時代創業道德的功能

降低糾紛

避免危機

增加資金來源

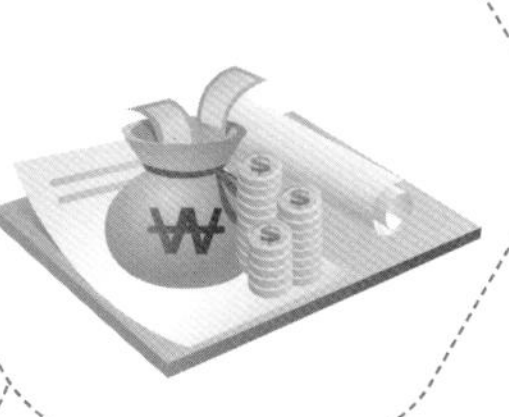

降低商業成本

增進組織戰力

永續經營

企業形象

知識補充站

2016年11月復興航空宣布停飛，爆發涉及內線交易，緊接著董事會又決議解散公司，震撼消息不斷傳出，許多桃機復興航空辦公室的員工，聞訊後傷心哽咽，久久不能言語；也有人痛批難以置信，不解公司為何如此對待他們。如今傳出有員工表示，基層的人永遠最晚才知道，「不知下一步在哪，只能走一步算一步」。

興航危機涉及層面包括民航、旅遊、股市、銀行團等領域，影響深遠！復興航空的無預警停飛，同時也使許多旅客權益受損，但復興航空僅在危機溝通的聲明中，讓旅客自行與旅行社等單位協調退費，沒有任何作業細節，也沒有與其他航空公司協調好轉機併班事宜，令旅客無所適從，致使人心惶惶，令人欲哭無淚。這種公司何等缺德！

Unit 9-7 新創事業的道德與內涵(一)

一、全球倫理道德趨勢：全球倫理目前已發展為以下五大趨勢：1. 保護消費者；2.維持公平競爭；3. 重視勞工權益；4. 環境保護；5. 人類生存。

二、環境倫理：隨著工業日益發達，汙染情況越來越嚴重，已然超越自然環境的負荷，此時就更加凸顯環境倫理的重要性。1995年被納入聯合國保育與發展會議(Otta Conference on Conservation and Development)的核心精神。它具有以下八項精神：

(一) 大自然的生態平衡是很精緻的而且很容易遭受破壞。

(二) 人類的行為干擾到大自然，通常會帶來巨大的災害。

(三) 為了生存，人類必須與大自然和諧相處。

(四) 人類已經嚴重地破壞了大自然環境。

(五) 地球上的人口數量，已將達它所能負荷的極限。

(六) 地球像一艘太空船，它的空間和資源都是有限的。

(七) 工業社會的發展和成長有一定的限制。

(八) 為了一個健康的經濟發展，必須控制工業成長的速度，以維持一個穩定的經濟狀態。

三、政商倫理：政府是企業經營過程中重要的導師，與政府建立良好互動關係相當重要，如何循規蹈矩、竭力配合，並遵守一切相關法律，是實踐新創事業道德重要的一步。

四、產品設計倫理：許多設計工程師，缺乏責任意識的涵養，其投入工作，常以最便宜、最快速的方法去完成，以致因設計、施工、管理不當等因素，帶給社會巨大的災難，日後必須額外付出更多的社會成本。譬如，民國100年2月28日臺中沙鹿一名82歲的陳老太太，因為使用電暖氣取暖，不慎引發火災，火警發生在27號凌晨四點多，老太太睡二樓，先生在一樓聞到煙味，發現火災，和兒子拼命搶救，但是老太太逃生被嗆昏，來不及逃出火場。

五、生產倫理：現階段的生產倫理，特別著重綠色趨勢。所謂綠色趨勢是包含綠色產品、綠色行銷。綠色產品是指該產品可回收、低汙染、省能源等特性的產品。綠色行銷是指行銷者在進行產品、定價、通路、促銷的行銷組合策略時，各項做法會考慮符合環保的需求，並積極鼓勵倡導「綠色產品」。譬如採用「再生紙」用於公司型錄、公司簡介、名片、信紙……等等印刷物上，這樣可以少砍幾棵樹，為子孫多留一些綠色的生活空間與環境。

六、行銷倫理：行銷倫理強調的，就是要本著誠信的企業價值觀，不做誇大的宣傳廣告，不賣有害的產品，注重經營與客戶的夥伴關係，參與社會公益活動，回饋社會，提升企業形象。乖乖竄改過期食品的日期，繼續再賣；山水米標示臺灣米，裡面卻沒有臺灣米；胖達人欺騙性的廣告；大統長基食品、福懋油、味全頂新……駭人聽聞等假油事件，2014年的鼎王麻辣鍋，這些都是缺德，不符合倫理。

全球新創事業道德趨勢

環境倫理（1995年聯合國大會保育與發展會議）

- 大自然的生態平衡
- 人類干擾大自然常會帶來巨大災害
- 為了生存，必須與大自然和諧相處
- 人類已經嚴重破壞大自然環境
- 地球上的人口數量已超越負荷
- 地球像一艘太空船，空間和資源都有限
- 工業社會的發展和成長有一定的限制
- 為了健康的經濟發展，必須控制工業成長的速度

Unit 9-8 新創事業的道德與內涵(二)

實踐新創事業的道德與內涵，不是只有對外的部分，其實對內也很關鍵！關鍵者有以下三大部分。

一、勞資倫理

勞資雙方是相互依存、相互輔成的共生關係，企業體雖然擁有各項豐富的資源與優勢，但終究仍須仰賴充分的勞動力來共同參與，方能達成永續願景。因此，企業在獲取利益的同時，理當擔負維護勞工權益以及與其所屬員工共享。

二、股東倫理

企業對股東應盡其股東倫理的責任，也就是在符合倫理的情況下：

(一) 為股東追求最大的可能報酬，同時並清楚嚴格地劃分，企業的經營權和所有權，好讓專業經理人充分發揮，以確保企業公司營運自由。

(二) 應致力於高標準的公司治理，引進國際專業獨立董事制度。

(三) 董事會中成立「審計委員會」、「薪酬委員會」，以深化董事會功能。

(四) 加強與客戶之間的夥伴關係，為公司股東帶來最大的利益。

(五) 資訊揭露：以商業倫理論股東及投資人權利，最重要的是資訊揭露與資訊對等的權利，尤其是企業有重大訊息發布時，更應顧及每個股東及投資者揭露的權利，尤其是同時揭露的權利。

三、徵才重倫理

新創事業徵才必須注重專業，但若僅注重專業，而忽略新進員工的道德因素，就容易引發弊端，非企業之福！

企業進用新進員工的考量項目

名次	考量項目
1	敬業精神佳
2	專業能力強
3	工作穩定性高、能配合公司發展規劃
4	學習能力強、可塑性高
5	能團隊合作
6	具有解決問題的能力
7	具有創新能力
8	具有國際觀

新創事業對內的道德與內涵

勞資倫理

勞方、資方應遵守的倫理規範，譬如政府、法令、規範，或文化中普遍之共識，也有可能是兩者兼而有之。

股東倫理

為股東追求最大報酬

應致力於公司治理

董事會中成立「審計委員會」、「薪酬委員會」

加強與客戶夥伴關係

資訊揭露

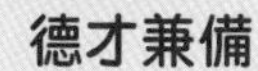

徵才重倫理

德才兼備

知識補充站

《天下雜誌》2008年的調查發現，企業老闆最在意的是人品，不是專業知識。做生意，不管在世界的哪一個角落，都應是以義為利、要重誠信才會永續生存、良心才平安。事實上，頂尖企業甄選員工時，不只重視應徵者的專長、經驗與性格，也同樣重視他們的價值觀，以及道德之信念。新人招募是企業建立並維持道德文化的理想機會，企業可在此過程中，將行為規範及對品德操守的堅持，傳達給新進員工，並觀察他們，是否具備這些理想的潛質。頂尖企業了解，依照所訂定的品德操守標準招募人才，可以吸引素質高的應徵者上門，贏得同業的尊重和合作機會，也能在應徵者心中留下「這是一家正派經營的公司」的第一印象。

Unit 9-9 缺德的根源——「利」的思考

社會輿論對於新創事業的道德，基本上有一定程度的共識，若違反之，則有千夫所指的輿論壓力。西諺說：「好的道德，就是好的經營。(Good ethics is good business.)」反之，企業終將被社會唾棄！

一、企業為什麼會欠缺道德？

最主要的關鍵，就是因為「利」！「利」迫使人性光輝隱沒、良心模糊，人就有可能退化成具有專業知識的「獸」。「獸」的最大特質：1. 利害計算得非常清楚，何處有利就往哪裡鑽（哪怕是救災的錢、物資，也敢巧取豪奪）；2. 沒有道德倫理的考量；3. 無是非對錯。只要有利可圖，具有專業的「獸」，就會運用牠的專業奪利。

二、防範缺德的力量

許多新創事業之所以缺德，就是因為禁不起「利」的誘惑。「經濟學之父」亞當．史密斯(Adam Smith)的巨著《道德情操論》(*The Theory of Moral Sentiments*)，指出有三種力量，可調整人的私慾，一是良心，二是法律，三是上帝所設計的地獄烈火。從上述這些缺德的企業，可以發現良心、法律，似乎都失去效用。至於地獄烈火，他們似乎還未能體會那個嚴重性。

三、「利」的思考

(一) 蘋果創辦人賈伯斯生前最後的遺言，應該也可以給缺德企業的負責人一些不一樣的思考。他說：「作為一個世界500強公司的總裁，我曾經叱咤商界，無往不勝，在別人眼裡，我的人生，當然是成功的典範。……此刻，在病床上，我頻繁地回憶起我自己的一生，發現曾經讓我感到無限得意的所有社會名譽和財富，在即將到來的死亡面前，已全部變得暗淡無光、毫無意義了……上帝造人時，給我們以豐富的感官，是為了讓我們去感受祂預設在所有人心底的愛，而不是財富帶來的虛幻。」

(二) 陳致中曾帶著《窮得只剩下錢》這本書，到看守所交給其父親前總統陳水扁。《窮得只剩下錢》強調人生有兩條路，一是有著階段性任務的「生活之路」，一是追尋永恆價值的「生命之路」；生活之路追求的是豐衣足食、財富名利；生命之路，追求的是平安喜樂、慈愛溫暖、心靈力量。很多人忽略了「看不見的」、「隱性的」價值，諸如道德倫理、天地人之間的和諧關係等等。

(三) 從日本311大地震、大海嘯，造成大核災的後續影響，仍餘波盪漾！因為不肖商人從日本進口連日本人都不敢吃的核災食品。這種駭人聽聞且影響臺灣深遠的核災食品，只為「利」，不顧臺灣人民的死活，這樣的企業廠商真是缺德！

企業為何缺德？

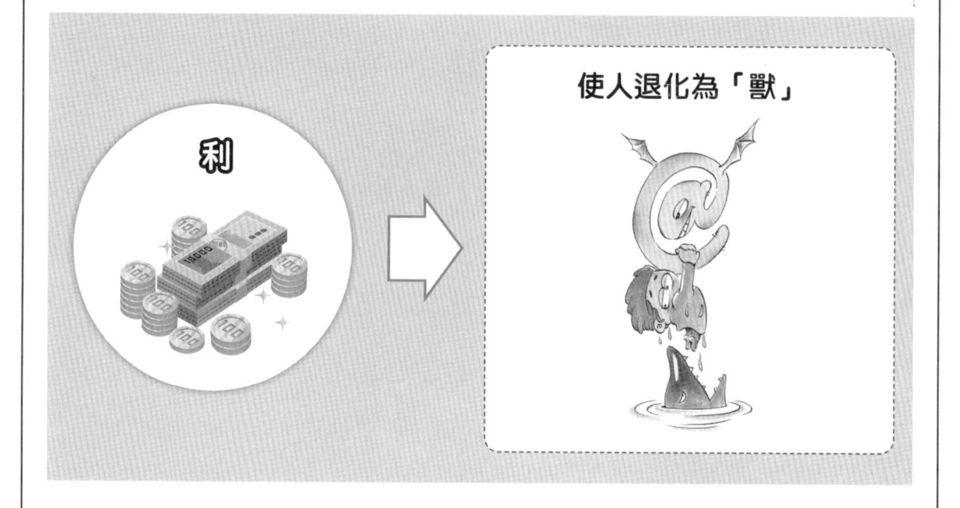

防範缺德的力量（經濟學之父－Adam Smith）

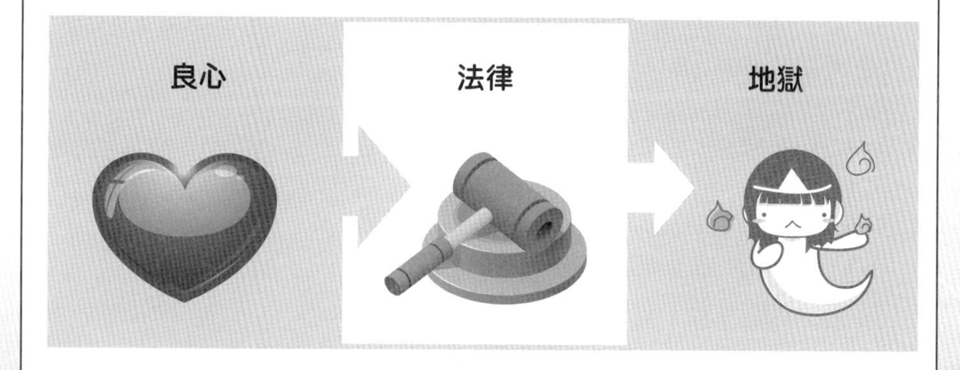

「利」的深層思考

Unit 9-10 創業道德的判準

新創事業在創業過程中，必然會面對許多議題，這些議題或多或少，都會牽涉到倫理道德。但是如何判斷這樣的決策是符合道德判準？每一個行為都涉及到三個部分：後果、行為本身（包括動機）、主體（行為的推動者）。以下是判斷創業道德與否的三大理論。

一、義務論(deontology)

義務論是從動機的判斷，注重於行為本身／動機，行為本身的特點，決定了行為的對與錯。若是新創事業無論是生產、研發、行銷等動機，若可能傷害到人，破壞到環境，這就是不符創業道德。

二、目的論(teleology)

目的論注重行為的後果，因此行為的對與錯，是決定於後果的好與壞。若是新創事業無論是生產、研發、行銷等結果，對人類是有益，那麼就符合創業道德。譬如，以造成全球奶粉汙染危機的中國公司三鹿集團，曾釀成約三十萬名幼兒生病、六名嬰兒死亡的巨禍為例，這種行為就是不符道德。

三、德行論(virtue ethics)

無論目的論或義務論，都是以「行為」為對象來判斷對錯，這是不夠正確的！德行倫理學聚焦在道德主體，即行為的推動者。德行論認為道德判斷的重點，不在於「我應該做什麼」，而是「我應該要成為什麼樣的人」。正因為我是一個正義的人，所以我才會做出正義的行為。

以下提出判斷創業道德與否較著名的原則。

一、陽光原則

新創事業決策的內幕，能否公開被檢驗？如果可以，新創事業這項決定，就表示符合倫理；如果新創事業決策的內幕，不能坦然公開被檢驗，這項決定就不符合創業道德。

二、不傷害原則

新創事業的產品或服務，是否有傷害到消費者、社區、社會大眾、政府、股東……，如果有傷害到任何一方面，就違反了不傷害原則。因此，這項決定就不符合創業道德。譬如，以2002年美國爆發的「安隆事件」為例，當時儘管它是全美第七大企業，而且從事的產業，是具強勁成長的產業，老闆(Jeffrey Skilling)還是哈佛商學院1979年班的明星，但因傷害到社會、投資者，不僅破產了，而且還缺德！

三、行善原則

新創事業的產品或服務，對消費者、社區、社會大眾、政府、股東……，都產生正面的利益。如此新創事業就符合，並具有創業道德。

創業道德的判準

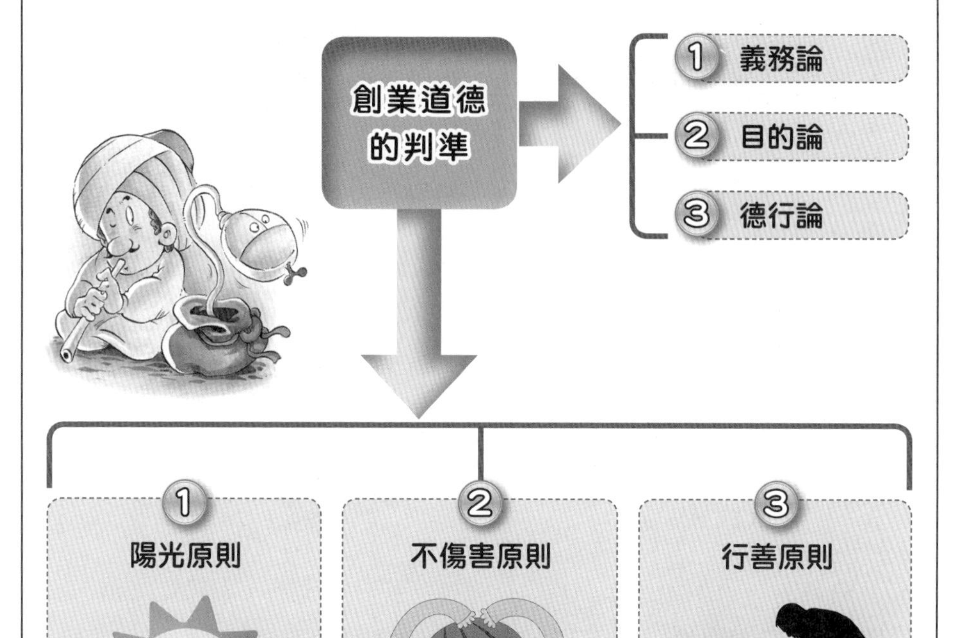

知識補充站

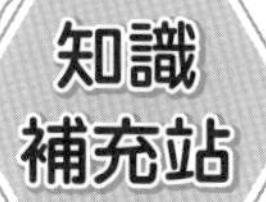

著名企業Google的公司文化就是簡單一句：Do no evil！用中文來説就是：不要為惡、不要做壞事！但這真的容易嗎？

舉例來説，公司成立後會開始面臨各種挑戰，可能會一段時間，都沒有業績收入，導致創業資金不斷流逝。這時可能會因為某個不錯的機會來臨，可以擴張業務，但是必須要用遊走法律邊緣的做法；也可能公司為承接某個專案，但為了順利需要，必須去打點某些人員、或是打點疏通某些環節；或是你個人操守極為嚴謹，但你的創業夥伴卻不斷在測試你的道德底限，在很多做事方法上，你堅持要用最高的道德及法律標準，但你的夥伴卻跟你吵翻，因為他們覺得只要有業績現金進帳，何須理會道德與法律？只要公司可以獲利、可以有進帳，就算偶爾違反原則，也沒有關係！在某些再也清楚不過的規範下，有可能創業的夥伴，仍然堅持要鋌而走險，只為了追求一個極為少見的絕佳機會點！

Unit 9-11 倫理決策與實踐

社會大眾所需的食、衣、住、行等各種產品，都是從企業而來，所以企業在社會的影響是大的，企業所扮演的角色，也愈來愈關鍵。相對的，企業決策時的倫理，就顯得格外的重要。

一、缺乏經濟道德的原因

(一) 貪婪：貪婪私慾腐蝕人心。

(二) 罰則過輕。

(三) 法官不懂經濟亂判：塑化劑重創國家產業形象，傷害到許多廠商，賠償不到200萬，是獲利的千萬分之一，這不是鼓勵繼續幹黑心事嗎？

(四) 政治不良示範：前中央研究院院長翁啟惠的不良學術示範。

(五) 缺德的教育：師範大學連德育要求的成績都不要，教育部長說：尊重！今天社會如此缺德，教育部不應該負責嗎？德育不該從根做起，扭轉缺德的風潮嗎？

二、影響企業道德決策的重要因素

(一) 老闆的價值與態度：老闆從創業開始，他的價值與態度，會透過人力資源及獎懲制度，影響到整個企業。

(二) 社會道德規範：社會對於企業的「產、銷、人、發、財」等諸種行為，所形成不成文價值觀和準則。

(三) 職業道德：職業道德(Professional Ethics)是規範從事某一職業成員的行為標準，尤其在混沌不明的情況下，此乃決策的根據所在。

(四) 競爭壓力：競爭壓力越大，會讓企業道德薄弱的人，在決策時容易棄守企業倫理的防線。

(五) 獎懲制度：企業所制訂的獎懲制度與績效評估，對員工的行為具有決定的影響。

三、企業倫理實踐的重點

企業倫理實踐的重點，應置於以下九點：

(一) 招募成員專業與倫理兼顧。

(二) 企業決策者與管理者領導能以大局為重，誠信為上。

(三) 董事會職能能充分發揮。

(四) 股東及利害關係人權利至上。

(五) 商品與服務資訊能充分對消費者揭露。

(六) 職業道德教育推動。

(七) 倫理守則成為企業文化。

(八) 編定並推動倫理的企業文化。

(九) 建立內部揭露機制。

缺乏經濟道德原因

1. 貪婪
2. 罰則過輕
3. 法官不懂經濟亂判
4. 政治不良示範
5. 缺「德」的教育

影響企業道德決策的重要因素

- 老闆的價值觀與態度
- 社會道德規範
- 職業道德
- 競爭壓力
- 獎懲制度

企業倫理實踐的重點

1. 招募成員專業與倫理兼顧
2. 老闆大局為重，誠信為上
3. 董事會職能能充分發揮
4. 股東及利害關係人權利至上
5. 商品與服務資訊充分揭露
6. 推動職業道德
7. 倫理守則成為企業文化

Unit 9-12 老闆（資方）的倫理道德(一)

沒有品德道德觀的經營者，由於擺脫不了自私、名利、貪心的慾念；因此會將公司治理帶領到無底深淵！所以，老闆（資方）若沒有職業道德，就好像人的大腦被綁架一樣，整個人完全無法控制方向。

臺灣本田(Honda)總經理藤崎照夫強調，企業領導人的品德相當重要，因為他是企業的領導核心，如果不能以身作則，就會「上樑不正，下樑歪」。因為老闆若以財產擁有者的身分，以經濟資源為基礎，在企業內部又能壟斷權力，再由上而下干預專業經理者，甚至以惡意解僱，或以粗暴的方式來控制員工，必然使員工難以生存。員工難以生存，離職率自然就高。員工離職率高，又會影響到對客戶的承諾。客戶的權益被影響，自然不會再次登門光顧（重購），惡性循環下，企業還能生存嗎？

王品集團之所以上市引起如此風光，就是因為前老闆重視應該遵守的倫理道德，讓員工與消費大眾，認為是值得社會大眾信賴的。其實，企業能否遵行倫理的關鍵，與老闆（資方）是否能遵守的相關的道德，有密切的關係。

像鐵達尼號的沈船事件，1912年4月16日造成1,500多人葬身海底，就與船東不道德的直接干涉該船的航速，最後導致撞到冰山的撞擊力更為嚴重，有極密切的關係。此外，老闆（資方）所擬定的企業制度，也會影響到整個企業，能否堅持倫理道德的立場。如果企業對業績要求非常嚴格，在這樣的氣氛下，員工就可能便宜「取巧」行事。這樣的便宜與「取巧」，對企業的永續生存，對企業的品牌形象，對於消費者的權益，都是負面居多。

有鑑於此，老闆（資方）是否能遵守倫理道德，對企業的生存很重要。

老闆（資方）應遵守的倫理道德：

一、愛心：老闆（資方）對企業、對員工、對股東、對消費者，要有愛！這是第一項應遵守的倫理道德，沒有愛心的老闆，是很難有什麼職業道德的！101年3月王品集團成功上市，董事長戴勝益竟然提出「尾牙禁酒令」的規定。尾牙不是要盡興嗎？那為什麼還要禁酒？原因是王品有一次尾牙後，發生3起車禍，董事長出於對員工與主管的愛，索性提案，希望舉辦尾牙時不要喝酒！出於愛的引導與規範，獲得「王品中常會」通過。從101年起，尾牙或春酒都不准喝酒，喝酒記大過。

二、守法：法律是職業道德最低的標準，老闆在企業營運管理的過程中，必須恪遵法律，像不能掏空公司、不能惡待員工。如果連法都沒有遵守，這個就根本沒有職業道德。譬如，民國101年3月中央社新聞指出，檢方表示，藝人吳宗憲是阿爾發光子科技股份有限公司董事長，他與聯明行動科技股份有限公司董事長許豐揚是朋友，吳宗憲與許男共謀「假交易、真借貸」。根據起訴書指出，吳宗憲與許豐揚，以此方式共同侵占聯明公司3,250萬元。其中吳宗憲分得1,250萬元，許男則分得2,000萬元。兩人以虛偽交易套取資金，且將3,250萬元瓜分花用後，在98年3月25日取消合約。（續下單元）

老闆（資方）的倫理道德

位於田中工業區的川石光電，二十五年前從印刷電路版設計製造起家，後來跨足光源市場，因品質優越，屢獲PHILIPS、HITACHI、OSRAM等國際大廠的代工訂單，是國內省電燈泡的翹楚，曾是臺灣五百大企業。2009年6月因財務突發問題而停工，當時勞工未拿到資遣金。

老闆在工廠倒閉兩年後，把員工找回來，發放當年欠他們的資遣費，共1,600萬元。在一個老闆落跑是常態的社會裡，一個已經到了大陸的老闆，依約兌現他的承諾，非常了不起。連維持秩序的警員都覺得怎麼可能，可是這才是真正的做生意之道。誠信，使他重新贏回鄉親與世人對他的尊敬。

Unit 9-13 老闆（資方）的倫理道德(二)

根據《黑心建商的告白》一書的作家指出，沒有道德的建商老闆，常以自己名義或人頭買地，與自家建設公司合作。景氣好時，與公司一起獲利；若有風險，則反手賣給公司，不論那一種方式，對老闆來說，都是穩賺不賠、有「百利無一害」，這種手法就是沒有道德！此外，以我國員工的福利設計來說，至少必須符合勞動基準法、工廠法、勞工保險條例、工會法、職工福利金條例等法規，以及主管部門所訂定的行政命令。

如果連老闆的起心動念都沒道德，那麼底下的員工，要如何能堅守職場道德？像民國100年底，檢方抓到彰化荷亞食品公司，收購市面上即將到期或已經過期的食品飲料，先用藥水塗銷外包裝上原有的保存期限後，再用打印機、封膜機重新印上。老闆都這樣作，底下的員工又如何能實踐倫理道德呢？

不守法自有不守法的下場，以塑化劑一案的金果王公司，在民國102年3月法院宣判公司負責人陳阿和和公司會計林美惠，因違反食品衛生管理法，分別被判一年四個月和十個月的有期徒刑。老闆（資方）第一項應遵守的倫理道德就是守法。守法就可以避免罰款坐牢的事，像其他許多不道德的事，如非法或濫用童工，或性別、年齡、種族、宗教而有所歧視，也都能因此避免。

三、重視消費者利益：提供客戶符合其需求最高品質的產品和服務，及確保客戶的健康和安全受到保護，是老闆應遵守的倫理道德。消費者利益是指消費者在購買、使用商品或接受服務時，保證消費者的人身安全和健康；同時消費者在與經營者在交易中，能夠獲得公正、平等的對待。

四、照顧員工：一個負責任的企業，應尊重員工的利益。事實上，企業有責任照顧員工，尤其是員工的薪資、工作條件及員工發展這三方面。

(一) 薪資是企業支付員工所提供勞務的報酬，老闆（資方）應遵守政府的法令來支付薪資。員工的薪資，都是經過仔細的設計，在設計時，老闆（資方）應提供有助於提高員工生活水準的工作報酬以提振士氣，而非剝削與苛扣。

(二) 提供保障每個員工健康和安全的工作條件，也是老闆應遵守的倫理道德。曾經有一個案例是，民國100年2月統聯客運司機蔡坤霖，強忍身體不適，硬撐著把車子停下，救了全車31名乘客的命，但自己卻死亡。為什麼會這樣呢？據調查，死亡前工時過長，更曾有1天工時達15小時，因此最後被認定為過勞死。應該為員工著想，在公司的制度上，避免此類不幸事件的發生。

(三) 大部分人尋找的，其實是人生的意義與使命，而不只是單純的餬口機會。每個員工都有自己的夢想，如何讓他們逐夢踏實，實踐自我理想，是每一個好的老闆應念茲在茲的重心。因此，如何給員工足夠的發展空間，提供員工實踐自我理想的工作條件是不可忽視的。

老闆（資方）的倫理道德

知識補充站

以小籠包聞名的鼎泰豐，最難以複製的核心競爭力，莫過於對員工的照顧，這也是同行抄不來的真正原因。2013年底服務業最振奮人心的消息，莫過於楊紀華在徵才活動上宣布，店長級以上資深員工，最高可領到20個月年終獎金，如果以店長薪水10萬計算，光是年終就高達兩百萬。但其實早在10、20年前，鼎泰豐發給員工的薪水，就已是同業最高。現在光是外場人員3萬8,000元起薪，就相當於五星級飯店中階主管的月薪，還不包含績效獎金和紅利。

Unit 9-14 老闆（資方）的倫理道德(三)

五、不可勾結賄賂：民國100年5月新北市中和區積穗國小發生營養午餐業者金龍公司餐桶長蛆，而且還有發霉情形。事件後，檢調懷疑有弊端而分案調查，發現多所學校午餐標案，疑遭特定業者壟斷，校長和評選委員並收賄讓業者順利得標。針對該營養午餐弊案，板橋地檢署偵辦日前第三波偵結，共起訴二十名校長、二名主任，其中有五人因否認犯罪，遭求刑十二至十五年不等。業者涉嫌以「全洗」的方式行賄，除校長外，老師、家長會委員，連評鑑小組的專家委員都遭收買。業者以不道德的方式欺負下一代的孩子，真是可恥！難道這些供應營養午餐的老闆沒有孩子？如果有孩子的話，難道不怕這股歪風，也讓他的孩子吃到令人作嘔的飯食。

六、重視信用：臺北有一家連鎖的美容護膚中心，不斷向客人推銷優惠療程，還在網路上販售體驗券，沒想到在民國101年1月底無預警倒閉，預估受害人數高達上百人，有民眾花了100多萬，卻找不到負責人，真的損失慘重！

七、股東權益：根據遠見雜誌針對700家上市公司，發出「企業社會責任大調查」問卷的回函結果，企業最重視的社會責任依序為：股東權益(87.2%)、員工權益(84.9%)、公司治理(68.5%)等。由這項順序可知如何節省、保護和增加股東的資產，及尊重股東的意見和正式決議，是老闆（資方）應該關注的。

八、堅守公平競爭：競爭者愈來愈多或消費者的需求收縮，而導致供過於求時，公司的營收及利潤自然縮水，這時，來自維持營收及留住客人的壓力，很容易會逼使經理為了業績而不擇手段來削弱競爭。老闆能否守住道德的防線，絕對會影響經理人是否會採取不誠實或不符倫理的手段（如工業間諜活動）來獲取商業訊息。

九、維護環境：「可口可樂」公司設在印度南部克拉拉省一家最大的瓶裝工廠，被印度政府指控汙染環境並求償4,700萬美元。克拉拉省政府調查指出，「可口可樂」工廠使得當地的地下水枯竭，同時在1999到2004年期間傾倒的廢棄物損害農地及環境。印度各地曾因此出現多起大規模群眾抗議可口可樂的事件。其實全球這樣被企業汙染環境的案例多到不可勝數。也因此人類生存環境已受到很大的破壞，譬如臭氧層的破洞、酸雨的問題、全球暖化、海水上漲、全球氣候失序……。負責任的老闆（資方）應關注此議題，莫因惡小而排汙水、汙染空氣、或大幅增加排放二氧化碳，以避免水不能喝、空氣不能呼吸、該降雨的地方沒雨（雲南）、不該降雨的地方卻是淹大水（泰國）。所以企業有必要，加強善盡改善環境的責任。

企業品德是一種無法量化的競爭力，而老闆（資方）本身的立場，絕對是重要關鍵！一般來說，有貪婪的老闆就會有貪汙的員工，老闆的道德標準是員工道德標準的上限。麥克雷恩(Michael Rion)在《負責任的經理人》(*The Responsible Manager*)一書中指出，重視品德的企業老闆，除了可以免於訴訟的危機，高道德標準的要求還有助於提高業績表現，因為顧客認同企業形象而變得更加忠誠，員工也因此提高生產力。反之，企業不重視誠信不但影響企業形象，也絕對影響企業的競爭力。

老闆（資方）的倫理道德

股票上市的臺南市大成不銹鋼工業公司，不但讓八百名員工中午在廠內，免費吃到飽，還花6,000萬元新建六百坪、設備新穎，又有冷氣的員工餐廳，讓員工能舒服地吃頓中飯，還可打包帶回家。

同時，公司還設計電腦點餐系統，員工可事先上網瀏覽六十道餐點，票選出下週最想吃的六菜一湯及飲料組合，還能替家人點餐，只要事先標記份數，愛吃多少就點多少，廚師依電腦統計分量烹煮，幾乎沒有廚餘。大成不銹鋼的員工福利，讓別家工人和網友羨慕不已。有人說：「真不錯，外面物價一直漲，公司還讓員工有一餐能免費吃到飽，連我都想進去上班。」

第10章

新創事業資金

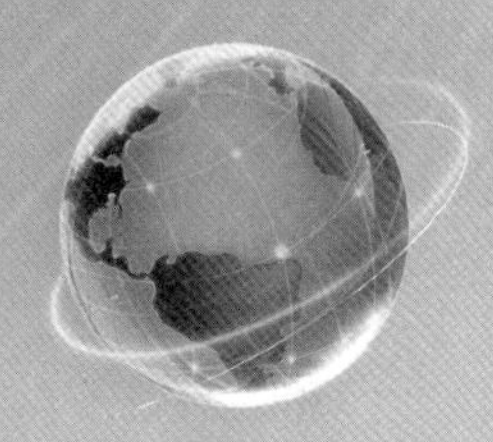

章節體系架構▼

Unit 10-1 新創事業資金來源(一)

資金即指創業的基金來源。應包括個人與他人出資金額比例、銀行貸款……。

創業者在公司正式營運前，一定先募集充足的資金，而籌措創業資金的最低目標就是必須能支付公司創業第一年內所有的營運開銷。因此，在確實進行一次創業資金總體檢之後，將有助於創業初期營業規模與走向的規劃。目前初創業者的籌資管道可分為以下九大類：

一、融資貸款

創業者須檢視自有資本，不足之處可由借款補充，最常見的融資來源，就是向親朋好友借款。

二、向銀行取得低利優惠貸款

一般企業除了自有資金之外，外部資金主要來源為銀行借款。向銀行取得低利優惠貸款，這是有效率且降低資金成本的方法。向銀行借錢（融資）一般都會要求有擔保，特別是物的擔保或人的擔保。

(一) 物的擔保：主要表現為對項目資產的抵押和控制上，包括對項目的不動產（如土地、建築物等）和有形動產（如機器設備、成品、半成品、原材料等）的抵押，對無形動產（如合約權利、公司銀行帳戶、專利權等）設置擔保物權等幾個方面，如債務人不履行其義務，債權人可以行使其對擔保物的權力，來滿足自己的債權。

(二) 人的擔保：這是以法律協議形式，由擔保人向債權人承擔了一定的義務。義務可以是一種第二位的法律承諾，即在被擔保人（主債務人）不履行其對債權人（擔保受益人）所承擔義務的情況下（違約時），必須承擔起被擔保人的合約義務。在人的擔保部分，若能由政府出面擔保貸款，通常都較為順利。

三、善用政府資源

創業要跟政府貸款借錢其實並不難，只要個人信用不要太差，用功寫本符合格式的計畫書，配合上些創業課程，跑個申請行政程序而已。譬如，行政院農業委員會（以下簡稱農委會）為配合輔導及培育農業青年人力政策，支應青年從農創業所需資金。

中小（微型）企業創業之籌融資問題，深受資訊不對稱與代理問題嚴重左右，在內部資金有限之前提下，創業者面對外部融資，可能遭遇干涉經營權與商業機密外洩的考量，且創業者又不願將個人資產作為債權融資擔保品而暴露於創業風險之中。因此新創事業在融資時，應有七項基本認識：1. 建立正確的貸款觀念；2. 要有具體可行的營業計畫並將業績顯示出來；3. 選擇往來銀行，建立良好的信用關係；4. 要自行籌措相當比率的自籌款；5. 要具備財務報表和相關會計紀錄；6. 不輕易承諾、絕不背信，計畫要具體切實，重視所計算出來的數據是否合理；7. 需掌握適當的變現資產，以及可靠的貸款來源。

新創事業資金來源

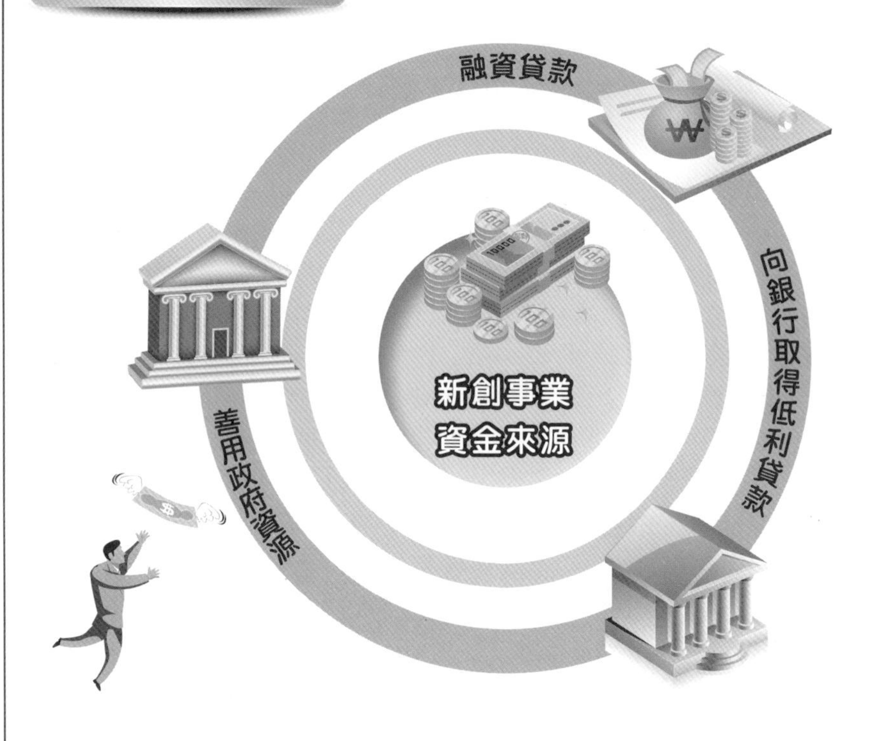

融資應有的認識

融資應有的認識

1. 建立正確貸款觀念
2. 要有具體可行的營業計畫，將業績彰顯出來
3. 選擇往來銀行，建立良好信用關係
4. 自籌一定比率的自籌款
5. 要具備財務報表和相關會計紀錄
6. 不輕易承諾，不背信
7. 掌握適當變現資產及可靠貸款來源

Unit 10-2 新創事業資金來源(二)

四、募集公司債

向一般大眾募集資金。所謂公司債(corporate bond)乃是有資金需求者的企業所發行的一種債券(bond)，以向投資大眾募集資金。這種債券是借款人（債務人或發行人，即有資金需求企業）同意在未來某些特定時日按期支付利息，並於到期時，將本金償還給債券持有人（債權人，即資金供給者）的一種契約。公司債又可以分為無擔保公司債和有擔保公司債。有擔保公司債又可以分為：1. 銀行保證：由銀行或信託投資公司等金融機構為發行公司保證；2. 抵押擔保：由發行公司提供擔保品，如：有價證券、動產或不動產等抵押予受託銀行，以作為強化信用(credit enhancement)之用。

五、參加創業比賽，取得獎勵金

創業團隊透過參加創業比賽來取得獎勵金。譬如，臺灣創業團隊ALCHEMA打造智慧釀酒瓶，2014年參加聯發科及經濟部主辦的Mobileheros物聯網大賽獲得第一名，更獲得科技部創新創業激勵計畫首獎，也入選成為進駐臺大創業車庫的團隊之一，還是臺灣首位入選全世界第一，也是最大硬體加速器 HAX Boost 的團隊，因此陸續獲得許多獎金。這些獎金就可以成為創業的第一桶金。

六、私有財團

中國信託集團於民國100年推出「信扶專案」，希望透過完善的創業顧問輔導、創業貸款支持，與末端行銷曝光資源整合，有效幫助經濟弱勢家庭，透過創業歷程學習自我成長，並尋找適合的創業方式兼顧家庭改善現況。

七、創投基金

中小企業在策略發展上，可適時地尋找新股東或創投參與投資，除了可以引進長期資金、強化財務結構，還有提升公司形象、強化經營體質、增加策略聯盟機會等優點。

八、研發補助

面對創業或研發的資金需求還有另一個選擇，就是申請政府補助計畫。這筆資金不用拿股權去交換，也不用計算利息要你還錢，它是無償性質，可協助實現創業者的研發夢。

九、政策獎勵金

政府為了鼓勵特定的領域或產業發展，會推出各式的獎勵補助計畫，除了有獎金補貼外，有時還有後續經營管理，或產品推廣等延續性輔導服務，得獎企業也常因媒體曝光而帶來品牌的宣傳效果。

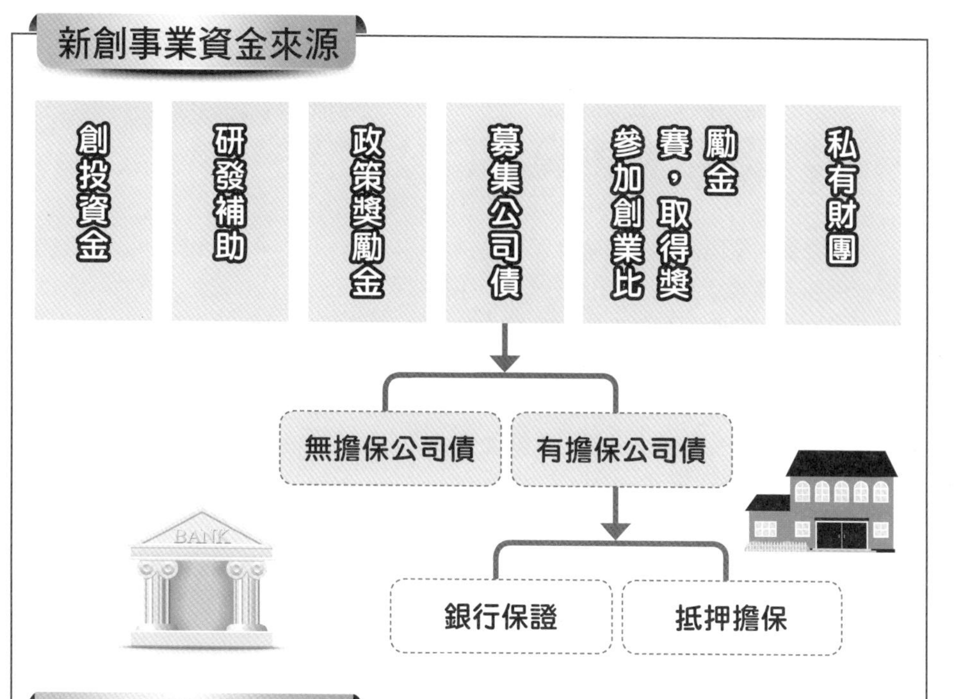

公司債

對資本市場來說，可以促進整體市場資金的活絡周轉
對公司本身來說，可以代替銀行成為中長期貸款的來源，並使籌資更具彈性，並能發揮公司財務槓桿，促進股東權益最大化等功能。

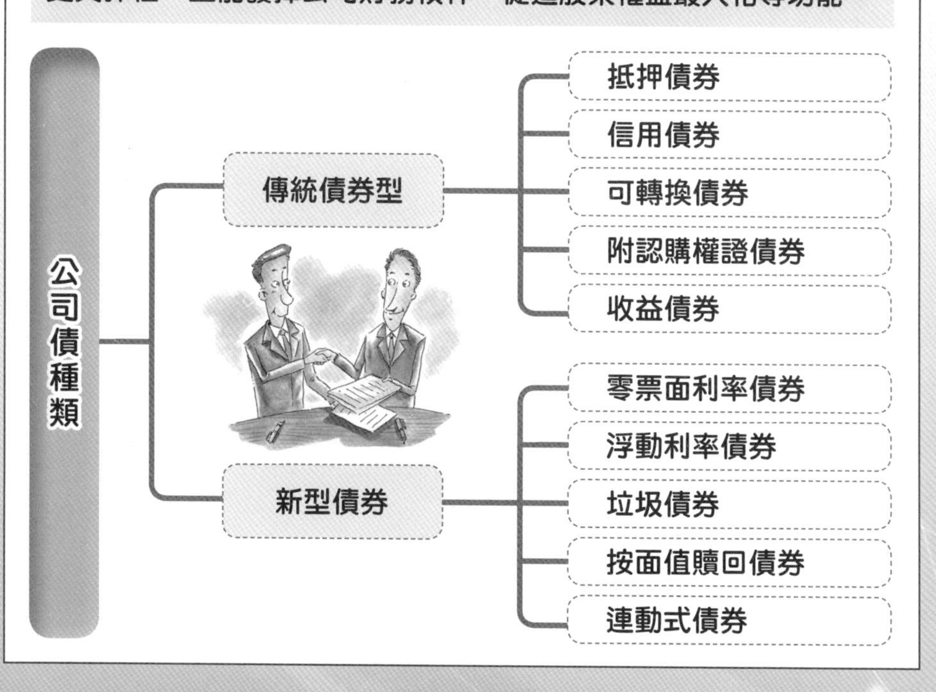

Unit 10-3 政府資金資源(一)

為了降低創業所面臨的風險，並協助創業青年成功創業，2016年8月政府鼓勵金融資金挺創新產業，金管會將祭出「創新創業基金」、「天使基金」兩大基金以及「獎勵本國銀行辦理五大創新產業放款方案」等三大措施，估計直接投資資金至少20億元，融資資金達數千億元，力挺政府的五大創新產業發展。銀行局表示，目前正請銀行公會統計可授信的動能及銀行希望增加哪些獎勵措施，加上信保基金力挺，授信規模「會很大」。金管會也邀集證券周邊單位及公會分階段集資10億元，成立「創新創業基金」，首波約2億元。

一、青年創業及啟動金貸款

(一) 申請方式：申請人應填具創業貸款計畫書及檢具相關文件，向承貸金融機構提出申請，由承貸金融機構依一般審核程序核貸之。

(二) 對象：

1. 個人條件：

(1) 負責人或出資人於中華民國設有戶籍、年滿二十歲至四十五歲之國民。

(2) 負責人或出資人三年內受過政府認可之單位開辦創業輔導相關課程至少二十小時或取得二學分證明者。

(3) 負責人或出資人登記之出資額應占該事業體實收資本額百分之二十以上。

2. 事業體條件：

(1) 所經營事業依法辦理公司、商業登記或立案之事業。

(2) 其原始設立登記或立案未超過五年。

(3) 以事業體申貸，負責人仍須符合第一款個人條件前二項的規定。

(三) 資金額度：

1. 準備金及開辦費用事業籌設期間至該事業依法完成公司、商業登記或立案後八個月內申請所需之各項準備金及開辦費用，貸款額度最高為新臺幣（以下同）二百萬元，得分次申請及分批動用。

2. 周轉性支出營業所需周轉性支出，貸款額度最高為三百萬元；經中小企業創新育成中心輔導培育之企業，提高至四百萬元，得分次申請及分批動用。

3. 資本性支出為購置（建）廠房、營業場所、相關設施，購置營運所需機器、設備及軟體等所需資本性支出，貸款額度最高為一千兩百萬元，得分次申請及分批動用。

青年創業基金貸款

青年創業基金貸款

個人條件

- 負責人在中華民國設籍、年滿20-45歲
- 負責人受過20小時創業輔導課程
- 負責人出資額占資本額20%以上

事業體條件

- 依法登記為公司或立案之事業
- 立案未超過5年
- 負責人須符合個人條件（前二項的規定）

資金額度

1. 貸款額度最高為新臺幣200萬元，得分次申請及分批動用。
2. 周轉性支出，貸款額度為300萬元；經中小企業處創新育成中心輔導培育之企業，提高至400萬元。
3. 資本性支出貸款額度最高為1,200萬元。

Unit 10-4 政府資金資源(二)

二、行政院農委會農業專案貸款

行政院農業委員會為協助農（漁）民，購置或改造農（漁）機械及自動化設備，以提高其生產及經營效率，所以有農業專案貸款（民國105年5月23日修正）。

(一) 對象為年齡十八歲以上四十五歲以下，並符合下列條件之一者：

1. 農業相關科系畢業。

2. 申貸前五年內曾參加農委會所屬機關（構）、直轄市、縣（市）政府、農（漁）會、農業學校（院）舉辦之相關農業訓練滿八十小時。

3. 農會法第十二條所定農會會員或漁會法第十五條第一項第一款所定甲類會員。

4. 農民健康保險條例第五條所定被保險人。

5. 依農業產銷班設立暨輔導辦法規定完成登記且經評鑑合格產銷班之班員。

6. 曾獲農委會、直轄市或縣（市）政府頒發農業相關獎項。

7. 具農場實習或有從事農業生產經驗。

(二) 借款人應填具申請書，並檢附國民身分證影本、農業經營計畫、申貸資格佐證資料及下列相關文件，向貸款經辦機構提出申請：

1. 申請作物類貸款者，應檢附下列證明文件之一，如有興建固定設施者，應另檢附土地作農業設施容許使用證明：

(1) 借款人本人或配偶之土地登記簿謄本。

(2) 農地所有權人之農地同意使用書、土地登記簿謄本。

(3) 借款人與農地所有權人所訂之租約。

2. 申請林業類貸款者，應檢附下列證明文件之一，如為興建林業設施者，應另出具土地作林業設施容許使用證明（由直轄市、縣〔市〕政府出具公函證明）：

(1) 借款人本人依森林登記規則取得森林登記證；森林位於非林業用地無法取得森林登記證者，應出具地方林業主管機關核發受政府獎勵造林證明。

(2) 借款人與政府所簽訂之國、公有林租地造林契約書。

(3) 借款人出具之林產物國產來源證明文件。

3. 申請養殖類貸款者，應檢附借款人之養殖漁業登記或區劃漁業權執照或專用漁業權入漁證明文件。

4. 申請畜牧類貸款者，應檢具本人、配偶、或父母之土地作畜牧設施同意使用證明或畜牧場登記證書，如屬申辦畜牧場登記中者，應於撥貸後二年內補正經營許可證明文件。養乳牛農民需另檢附收乳證明。

5. 申請農產運銷貸款者，如有興建固定設施，屬農業用地者，應檢附農業設施容許使用同意書及建築執照（但依法免申請建築執照者免附）；非屬農業用地者，應檢附建築執照。

農委會專案貸款

貸款對象

- 年齡18歲以上45歲以下
- 農業相關科系畢業
- 申貸前5年內曾參加相關培訓滿80小時
- 農民健康保險條例第５條所列保險人
- 完成登記且經評鑑合格產銷班成員
- 獲相關單位頒發農業相關獎項
- 有農業生產經驗

貸款人應檢附之證件

- 國民身分證影本
- 農業經營計畫
- 申請作物類貸款者，另檢附
  - 土地登記簿謄本（本人或配偶）
  - 農地所有權人之農地同意使用書
  - 借款人與農地所有權人的租約

- 申請林業類貸款，應檢附
  - 森林登記證
  - 國、公有林租地造林契約書
  - 國產來源證明書

Unit 10-5 政府資金資源(三)

三、原住民微型經濟活動貸款（微笑貸）

(一) 申請方式：大約每年12月31日前，申請人檢附資料，檢具相關文件，親自前往戶籍地或事業所在地，經辦金融機構辦理申請手續。

(二) 對象：年滿二十歲至六十五歲具有行為能力之原住民，無不良票債信紀錄者，為生產用途，即經營農林、漁牧或工商業者。

(三) 資金額度：

1. 生產用途：經營農林、漁牧或工商業者，其資格應符合微笑貸要點附表之規定。貸款金額最高新臺幣三十萬元。

2. 消費與周轉用途：

(1) 從事農林、漁牧或工商業之在職勞工，最近六個月內保險年資（含農保、勞保及漁保）達五個月以上，或最近十二個月內保險年資達十個月以上者，貸款金額最高新臺幣二十萬元。

(2) 軍公教在職人員，貸款金額最高新臺幣十五萬元。

3. 同一申請人，以獲貸一次為限。申請人及其配偶申請本貸款之獲貸金額應合併計算，最高以新臺幣三十萬元為限。

四、臺中市政府青年創業及中小企業貸款

(一) 申請方式：承貸企業備妥申請資料，直接向臺灣銀行提出申請。

(二) 對象：

1. 申貸人為自然人者，應設籍本市，年齡在二十歲以上四十五歲以下之中華民國國民，且三年內曾參與政府創業輔導相關之課程達二十小時以上。（創業準備金）

2. 申貸人為公司、行號，應符合中小企業認定標準第二條所規定之中小企業並設立於本市有實際營業。得依本要點申請貸款。不得申貸行業為金融業、保險業及休閒娛樂服務業。

(三) 資金額度：

1. 同一申貸人累計貸款額度最高新臺幣二百萬元，並得分次申請；如具創新創意者，累計貸款額度最高新臺幣三百萬元。

2. 申請創業準備金之貸款額度最高一百萬元，不得分次申請。且其貸款額度計算應併入其登記後之公司或行號。

原住民微型經濟活動貸款

申請方式

每年12月31日前，檢具文件，親自到戶籍所在地的金融機構辦理

對象

20-65歲有行為能力的原住民
無不良債信

額度

生產用途30萬元
消費與周轉用途

貸款20萬元
軍公教在職15萬元

同一申請人以獲貸一次為限

臺中市政府青年創業及中小企業貸款

申請方式

向臺灣銀行申請

對象

設籍在臺中市，年齡在20歲以上45歲以下之國民
三年內曾參與政府創業輔導相關之課程
申貸人為公司、行號

額度

同一申貸人最高額度為臺幣200萬元，累計額度可達臺幣300萬元
申請創業準備金之額度最高100萬元（不得分次申請）

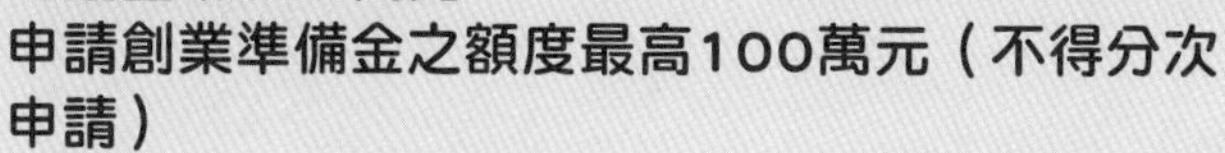

Unit 10-6 財團所提供的資金

政府為活絡經濟，鼓勵青年人或轉職者創業，其實可以透過租稅減免、投資抵減之股東優惠、榮譽頒贈等方式，鼓勵國內財團踴躍協助創業，尤其是資金的提供。

中國信託集團於民國100年，推出「信扶專案」。

一、申請資格與對象

(一) 申請資格：

1. 中華民國國民，年齡二十歲以上至六十五歲以下者。

2. 具工作能力與創業動機之家長（且以實際撫養大專〔含〕以下孩子為優先）。

3. 領有經濟弱勢證明（中低或低收入戶、鄰里長清寒證明、合法立案社會福利機構推薦）。

4. 不符合申貸資格者，若無重大信用徵信瑕疵，可獲本會推薦貸款。（中國信託商業銀行保有本專案貸款最後准駁之權利）。

(二) 申請對象與申請方式：

1. 已創業之家長，當前面臨生意營運困難者，若符合上述申請資格：

(1) 可直接向本會申請專案報名。或透過合作之社福單位，或其他合法立案公、民營機構，向本會推薦報名。

(2) 可由所屬單位向本會，提出申請免費專案說明會，與微型創業課程實務，了解當前創業趨勢與創業資源，學習自我盤整，創業心態準備等課程。

2. 欲創業之家長：

(1) 可由所屬單位，向本會提出申請，免費專案說明會與微型創業課程實務，了解當前創業趨勢與創業資源，學習自我盤整，創業心態準備等課程。

(2) 透過合作之社福單位，或其他合法立案公、民營機構向本會推薦報名。

中國大陸近年來也積極扶持創業，被大陸人簡稱「BAT」（指百度、阿里巴巴、騰訊）的大企業，2015年7月16日阿里百川負責人張闊現身杭州黃龍飯店，並公布扶持創業計畫，集團提供20億人民幣基金，其中10億投資優秀的新創團隊，10億提供貸款給創業者。不只是阿里巴巴對創業者慷慨，百度也將拿出10億美元，作為互聯網生態基金聯盟融資之用，扶持開發者。無獨有偶，騰訊也通過了「雙百計畫」，在未來三年內累計投入價值100億人民幣的流量，用於扶持100家市值過億美金的創業企業。

目前大陸之阿里百川積極扶持創業者，並完成北京、上海、杭州、廈門等創業基地等相關建設。政府也可以參考大陸政府，如何鼓勵財團，支持新創事業。

信扶專案(R.O.C)

申請資格

申請資格

中華民國國民，20-65歲

具工作能力與創業動機之家長

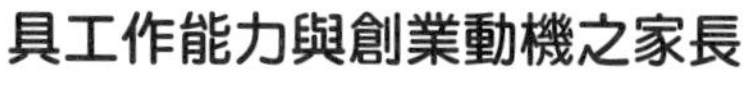

領有經濟弱勢證明

無重大信用瑕疵

申請對象

申請對象

- 已創業之家長當前面臨生意營運困難

- 欲創業之家長

可由所屬單位
可透過合作之社福單位申請

P.R.C.

百度	10億美元
阿里巴巴	提供20億人民幣
騰訊	「雙百計畫」→三年內投入100億

Unit 10-7 財務預估

財務知識對創業者來說是絕對必須的，企業成長最容易發生現金流量不足的問題，若創業者缺乏對現金流量的重視，就會因此造成周轉不靈。例如，知道什麼成本和費用之間有什麼差別，知道怎麼毛利率和淨利率之間的關係，知道如何確保獲利來源，也知道公司的獲利和支出該怎樣達到平衡。

新創事業的財務預估，主要是詳述預估的收入與預估的支出，甚至應該列述事業成立後，前三年或前五年內，每一年預估的營業收入與支出費用的明細表。為什麼要預估這些數字？主要的目的是讓創業者確實計算利潤，並明瞭何時能達到收支平衡。數字可呈現具體的經營績效，領導人就不會亂做決策，管理階層表現好壞也一目了然。

一、財務預估編列原則

最重要的是提供融資後五至七年財務預估。財務預估編列的原則是，第一年的財務預估須按月編制，第二年則按季編制，最後三年則按年編制。並且應說明每一項財務預估、基本的假設與會計方法。

二、財務預估重要內涵

(一) 主要有資產負債表、損益表、現金流量表、銷貨收入與銷貨成本預估表（包含銷售數量、價格與總成本、收入金額）、資金到位程度、預定年投資報酬率。

(二) 提供未來五年損益平衡分析（或敏感性分析）、投資報酬率預估。

三、財務預估應說明事項

(一) 說明未來融資計畫，包括融資時機、金額與用途。若是成熟期公司，應附上公司股票公開上市、上櫃的可行性分析。

(二) 說明投資者回收資金的可能方式、時機、以及獲利情形。

完整的記帳程序與會計制度是創業投資之企業主進行財務分析、產品成本結構、利潤與損益平衡分析之基礎。因此，完整的記帳程序與會計制度是，創業投資企業主應了解的議題。這包括：1. 會計記帳名目（會計科目）——資產、負債、權益、收入與費用類；2. 進行平時帳務處理——分錄與日記簿、過帳與分類帳、試算與試算表。另外，健全的會計制度，實有助於企業，忠實呈現經營成果與財務狀況，在企業擴大經營規模時，更有利於其取得金融機構貸款的資金。

財務預估內涵
資金到位程度
銷貨收入
損益表
預定年投資報酬率
資產負債表
銷貨成本預估表
現金流量表
財務預估應說明事項
財務預估應說明事項
未來融資計畫
融資時機、金額、用途
資金回收可能方式、時機、獲利情形
完整的記帳程序與會計制度
會計記帳名目
平時帳務處理

Unit 10-8 避免財務危機

企業在籌資、融資和投資財務決策中，由於資金市場變化，利率、匯率的調整變動，債務發行費用，股票市場的波動，投資單位經營狀況等諸多因素的影響，使企業暫時入不敷出；若再加上銀行拒絕貸款，將導致企業財務費用增加、投資收益減少、資金斷流，最後很可能因無法支付基本營運費用而被迫停業，無力償付債務本息而被迫倒閉。

金融政策鬆綁，使得創業者容易募資，也是創業潮瘋狂崛起的主因之一。但是創業資金不是越多越好，因為資金多了，往往導致創業者盲目擴大規模。如果新創事業在錢「燒光」之後，還沒有找到贏利模式，那就將面臨失敗的危險。相反，新創事業如果沒能按其所需引入資金，這也將對新創事業的發展帶來致命打擊。

創業壓力最大的時間點是，開始創業後的一到三個月。因為這個時候的各種開支大量出現，譬如像購置機器、店租、水電、行銷及人事費用……。可是就在資金不斷付出的同時，客戶在哪裡？客戶已進門採購商品或使用我們所提供的服務嗎？因此在支出多，收入少的情況下，創業者的資金壓力極大，而資金壓力又帶來精神的壓力，因此在資金問題上也要好好規劃。

新創事業財務管理最常見的缺失約有十一種：

1. 會計記錄不完整及不精確；
2. 成本控制不佳；
3. 沒有管理目的使用的財務報告；
4. 沒有能力分析及解釋財務報表；
5. 不注意營運資金的管理；
6. 很少做資本支出的財務評估；
7. 對資金的取得及融資類別知識有限；
8. 缺乏對融資方案的評估技能；
9. 沒有財務規劃及控制；
10. 沒有能力及意願去接觸財務專家；
11. 擁有所有權的經理人缺乏財務管理知識及經驗。

其中最嚴重的財務管理缺失是財務槓桿過高。亞力山大創辦人曾說：「如果我有一萬元，我會想辦法做十萬元的投資，這才會快。」就是這種高財務槓桿操作，導致亞力山大崩盤。高財務槓桿在經濟景氣時，可能會產生很高的效益，但在經濟不景氣時，就會周轉失靈，發生財務危機。青年創業家在創業及成長初期，最好不要操作財務槓桿，待現金流量穩定後，操作財務槓桿亦不能過度，青年創業家永遠要記住，財務槓桿是雙面刃，而且經常傷到自己。

創業投資之企業主應了解如何記帳？如何編制、看懂與分析簡易財務報表？如何由簡易財務報表，分析企業是賺或是虧？企業財務結構是否健全？如何提高收入與降低成本！

新創事業財務管理常見缺失

1. 會計記錄不完整、不精確
2. 成本控制不佳
3. 沒有管理目的使用的財務報告
4. 沒有能力分析及解釋財務報表
5. 不注意營運資金的管理
6. 很少做資本支出的財務評估
7. 資金、融資知識有限
8. 缺乏對融資方案的評估
9. 沒有財務規劃及控制
10. 沒有能力及意願去接觸財務專家
11. 經理人缺乏財務管理知識及經驗

亞力山大健康休閒俱樂部的失敗

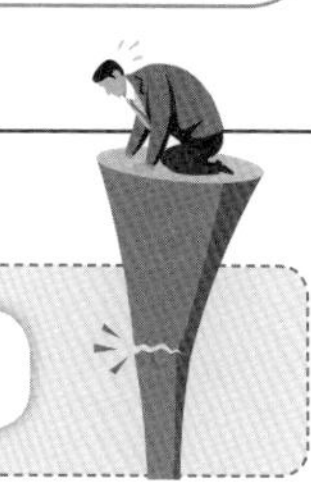

高財務槓桿　經濟不景氣

企業主應了解的財務知識

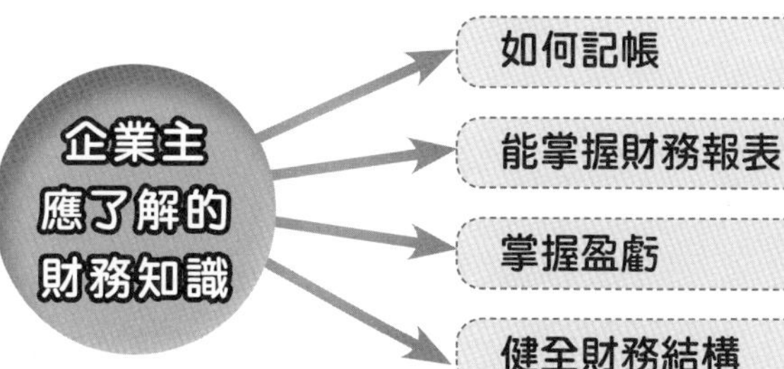

國家圖書館出版品預行編目資料

圖解創業管理／朱延智著. ——二版. ——臺北市：五南圖書出版股份有限公司, 2020. 09
面；　公分
ISBN 978-986-522-037-2 (平裝)
1.創業 2.企業管理
494.1　　　109007337

1F0F

圖解創業管理

作　　者 — 朱延智
發 行 人 — 楊榮川
總 經 理 — 楊士清
總 編 輯 — 楊秀麗
主　　編 — 侯家嵐
責任編輯 — 李貞錚、趙婕安
封面完稿 — 王麗娟
內文排版 — 賴玉欣
文字校對 — 鐘秀雲
出 版 者 — 五南圖書出版股份有限公司
地　　址：106臺北市大安區和平東路二段339號4樓
電　　話：(02)2705-5066　　傳　　真：(02)2706-6100
網　　址：https://www.wunan.com.tw
電子郵件：wunan@wunan.com.tw
劃撥帳號：01068953
戶　　名：五南圖書出版股份有限公司
法律顧問　林勝安律師
出版日期　2017年 3 月初版一刷
　　　　　2018年11月初版二刷
　　　　　2020年 9 月二版一刷
　　　　　2023年10月二版二刷
定　　價　新臺幣280元